国家基本职业培训包（指南包 课程包）

中式烹调师

（试行）

人力资源和社会保障部职业能力建设司编制

中国劳动社会保障出版社

图书在版编目（CIP）数据

中式烹调师：试行/人力资源和社会保障部职业能力建设司编制. -- 北京：中国劳动社会保障出版社，2017

（国家基本职业培训包：指南包 课程包）

ISBN 978-7-5167-1485-0

Ⅰ.①中… Ⅱ.①人… Ⅲ.①中式菜肴-烹饪-职业培训-教学参考资料 Ⅳ.①TS972.117-44

中国版本图书馆 CIP 数据核字（2017）第 286755 号

中国劳动社会保障出版社出版发行

（北京市惠新东街 1 号 邮政编码：100029）

*

三河市华骏印务包装有限公司印刷装订 新华书店经销

880 毫米 ×1230 毫米 16 开本 9.25 印张 167 千字

2017 年 11 月第 1 版 2024 年 1 月第 3 次印刷

定价：29.00 元

营销中心电话：400-606-6496

出版社网址：http://www.class.com.cn

编 制 说 明

为贯彻落实《中华人民共和国国民经济和社会发展第十三个五年规划纲要》提出的“实行国家基本职业培训包制度”的要求，按照《人力资源和社会保障部办公厅关于推进职业培训包工作的通知》（人社厅发〔2016〕162号）的部署安排，“十三五”期间，组织开发培训需求量大的100个左右国家基本职业培训包，指导开发100个左右地方（行业）特色职业培训包。到“十三五”末，力争全面建立国家基本职业培训包制度，普遍应用职业培训包开展各类职业培训。在征求各地培训需求的基础上，经调研论证，人力资源和社会保障部组织有关行业专家编制了首批中式烹调师等10个职业的国家基本职业培训包。

国家基本职业培训包是集培养目标、培训要求、培训内容、课程规范、考核大纲、教学资源等为一体的职业培训资源总合，是职业培训机构对劳动者开展政府补贴职业培训服务的工作规范和指南，对于加强职业培训规范化、科学化管理，促进职业培训与就业需求有效衔接，推行终身职业培训制度具有积极作用。

此次编制的中式烹调师等10个职业的国家基本职业培训包遵循《职业培训包开发技术规程（试行）》的要求，依据国家职业技能标准或企业岗位技术规范，结合新经济、新产业、新职业发展编制，力求客观反映现阶段本职业（工种）的技术水平、对从业人员的要求和职业培训教学规律。

《国家基本职业培训包（指南包　课程包）——中式烹调师（试行）》是在

各有关专家的共同努力下完成的。参加编审的主要人员有：范震宇、赵刚、刘雪峰、彭涛、陈少俊、王丰、董智慧、王宁琳、李伟、陈敬骅、乔兴，在编制过程中得到了浙江商业职业技术学院、山东省城市服务技师学院、广东省粤东技师学院、四川旅游学院等有关单位的大力支持，在此一并致谢。

国家基本职业培训包编审委员会

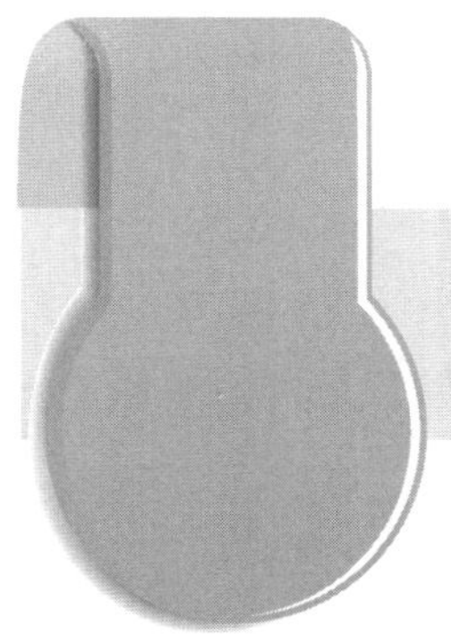

目 录

1 指 南 包

2 课 程 包

附录　培训要求与课程规范对照表

1

指南包

1.1 职业培训包使用指南

1.1.1 职业培训包结构与内容

中式烹调师职业培训包由指南包、课程包、资源包三个子包构成，结构如图 1 所示。

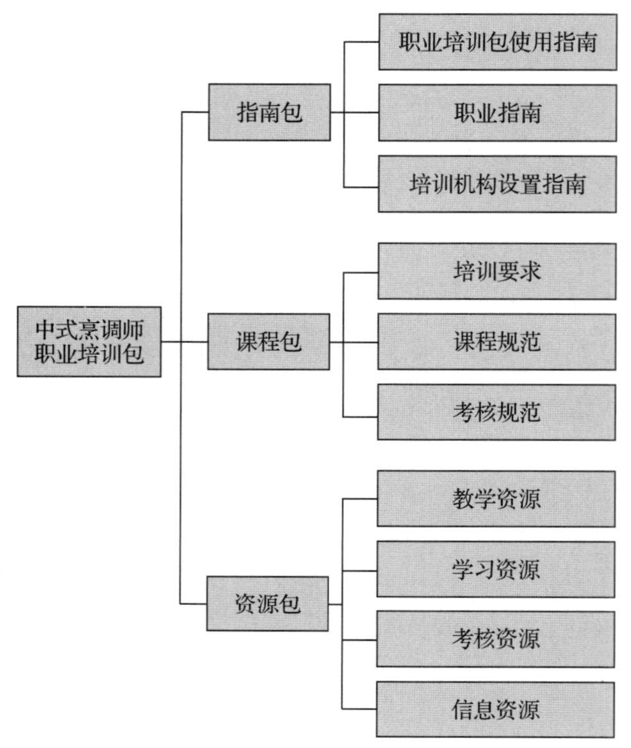

图 1 职业培训包结构图

指南包是指导培训机构、培训教师与学员开展职业培训的服务性内容总合，包括职业培训包使用指南、职业指南和培训机构设置指南。培训包使用指南是培训教师与学员了解职业培训包内容、选择培训课程、使用培训资源的说明性文本，职业指南是对职业信息的概述，培训机构设置指南是对培训机构开展职业培训提出的具体要求。

课程包是培训机构与教师实施职业培训、培训学员接受职业培训必须遵守的规范总合，包括培训要求、课程规范、考核规范。培训要求是参照国家职业技能标准、结合职业岗位工作实际需求制定的职业培训规范。课程规范是依据培训要求、结合职业培训教学规律，对课程设置、课堂学时、课程内容与培训方法等所做的统一规定；考核规范是针对课程规范中所规定的课程内容开发的，能够科学评价培训学员过程性学习效果与终结性培训成果的规则，是客观衡量培训学员职业基本素质与职业技能水平的标准，也是实施职业培训过程性与终结性考核的依据。

资源包是依据课程包要求，基于培训学员特征，遵循职业培训教学规律，应用先进职业培训课程理念，开发的多媒介、多形式的职业培训与考核资源总合，包括教学资源、学习资源、考核资源和信息资源。教学资源是为培训教师组织实施职业培训教学活动提供的相关资源；学习资源是为培训学员学习职业培训课程提供的相关资源；考核资源是为培训机构和教师实施职业培训考核提供的相关资源；信息资源是为培训教师和学员拓展视野提供的体现科技进步、职业发展的相关动态资源。

1.1.2 培训课程体系介绍

中式烹调师职业培训课程体系依据职业技能等级分为职业基本素质培训课程、初级职业技能培训课程、中级职业技能培训课程、高级职业技能培训课程、技师职业技能培训课程和高级技师职业技能培训课程，每一类课程包含模块、课程和学习单元三个层级。中式烹调师职业培训课程体系均源自本职业培训包课程包中的课程规范，以学习单元为基础，形成职业层次清晰、内容丰富的“培训课程超市”。

中式烹调师职业培训课程学时分配一览表

职业技能等级	课堂学时		其他学时	培训总学时
	职业基本素质培训课程	职业技能培训课程		
初级	40	56	204	300
中级	30	56	174	260
高级	20	48	132	200
技师	10	56	84	150
高级技师	0	40	60	100

注：课堂学时是指培训机构开展的理论课程教学及实操课程教学的建议最低学时数。除课堂学时外，培训总学时还应包括岗位实习、现场观摩、自学自练等其他学时。

（1）职业基本素质培训课程

模块	课程	学习单元	课堂学时
1. 职业认知与职业道德	1–1　职业认知	（1）职业认知	1
	1–2　职业道德基本知识	（1）道德与职业道德	2
	1–3　职业守则	（1）职业守则	1
2. 烹饪原料基础知识	2–1　原料的分类	（1）原料概述	1
	2–2　原料的特性	（1）原料的特性	1
	2–3　原料的选择与鉴别	（1）原料的选择与鉴别	1
	2–4　原料的保管与储藏	（1）原料的保管与储藏	1

续表

模块	课程	学习单元	课堂学时
3．食品卫生与厨房安全知识	3–1　食品污染	（1）食品污染的概念及类型	1
		（2）各类食品污染及其预防	1
	3–2　食物中毒及预防	（1）食源性疾病与食物中毒	1
		（2）食物中毒的类型	1
		（3）食物中毒事故的处理原则	1
	3–3　烹饪原料的卫生	（1）各类原料的卫生	1
	3–4　烹饪工艺的卫生	（1）烹饪原料初加工工艺卫生与安全	1
		（2）烹饪工艺卫生与安全	1
	3–5　饮食卫生要求	（1）饮食卫生“五四”制	1
		（2）个人卫生	1
		（3）餐饮企业的环境卫生	1
		（4）食品储存、销售过程的卫生要求	1
	3–6　安全用电知识	（1）厨房安全用电	1
		（2）触电的现场救护	1
	3–7　防火防爆安全知识	（1）防火知识	1
		（2）防爆知识	1
	3–8　设备、工具的安全使用与保养	（1）设备的安全使用与保养	2
		（2）工具的安全使用与保养	1
4．饮食营养知识	4–1　食物的消化与吸收	（1）食物的消化	1
		（2）食物的吸收	1
		（3）烹饪与消化的关系	1
	4–2　人体必需的营养素	（1）六大营养素	2
	4–3　原料的营养价值	（1）植物性原料营养价值	1
		（2）动物性原料营养价值	1
	4–4　平衡膳食	（1）平衡膳食	1
		（2）中国居民膳食指南	1
5．餐饮业成本核算	5–1　成本的计算	（1）成本的计算	1
	5–2　毛利率的计算	（1）毛利率的计算	1
6．相关法律、法规知识	6–1　法律知识	（1）法律知识	1
	6–2　法规知识	（1）法规知识	1
课堂学时合计			40

注：本表所列为初级职业基本素质培训课程，其他等级职业基本素质培训课程按“中式烹调师职业培训课程学时分配一览表”中相应的课堂学时要求进行必要的调整。

（2）初级职业技能培训课程

模块	课程	学习单元	课堂学时
1．岗前准备	1–1　个人、环境及工具准备	（1）个人、环境及工具准备	1
2．原料初加工	2–1　鲜活原料的初加工	（1）果蔬类原料的清洗整理加工	1
		（2）家禽类原料清洗整理	1
		（3）有鳞鱼类原料清洗整理	1
	2–2　冷冻及加工性原料的初加工	（1）冷冻原料的初加工	1
		（2）食用菌类、干菜类等常见的干制植物性原料涨发加工	2
3．原料分档与切割	3–1　原料分割	（1）分割取料概述	1
		（2）家禽、鱼类的分割、取料	2
	3–2　原料切割成形	（1）刀工基础	1
		（2）植物性原料切割	4
		（3）动物性原料切割	4
	3–3　菜肴组配	（1）常见菜肴组配	1
		（2）菜肴盛器知识	1
4．原料预制与预制加工处理	4–1　着衣处理	（1）拍粉与拖蛋液、拍粉	1
	4–2　调味处理	（1）调味基础	1
		（2）动物性原料的腌制处理	1
		（3）调制味汁	4
	4–3　预熟处理	（1）焯水预熟处理	1
5．菜肴制作	5–1　临灶操作	（1）临灶操作概述	1
		（2）调味	1
		（3）勺功技术	2
	5–2　热菜制作	（1）以水为传热介质的烹调方法	6
		（2）以油为传热介质的烹调方法	8
		（3）以汽为传热介质的烹调方法	2
	5–3　冷菜制作	（1）冷制冷食菜肴的制作	3
		（2）单一主料冷菜的拼摆及成形	4
课堂学时合计			56

（3）中级职业技能培训课程

模块	课程	学习单元	课堂学时
1．原料初加工	1-1　鲜活原料的初加工	（1）动物性鲜活原料品质鉴别	1
		（2）家畜类的头、蹄、尾部及内脏原料清洗整理	1
		（3）无鳞鱼类原料清洗整理	2
	1-2　加工性原料的初加工	（1）加工性原料的品质鉴别	1
		（2）蹄筋、肉皮等干料涨发加工	1
2．原料分档与切割	2-1　原料分割	（1）家畜类原料的分割、取料	1
		（2）无鳞鱼类原料的分割、取料	1
	2-2　原料切割成形	（1）剞刀工艺	2
		（2）食品雕刻工艺	4
	2-3　菜肴组配	（1）多种原料菜肴组配	1
		（2）基础花式菜肴组配	1
3．原料预制与预制加工处理	3-1　着衣处理	（1）浆、糊的调制	2
	3-2　调味、调色处理	（1）调味	6
		（2）调色	1
	3-3　预熟处理	（1）过油预熟处理	1
		（2）走红预熟处理	1
		（3）制汤	1
4．菜肴制作	4-1　临灶操作	（1）火候概述	1
		（2）勾芡技术	1
	4-2　热菜制作	（1）以水为传热介质的烹调方法	6
		（2）以油为传热介质的烹调方法	6
		（3）以汽为传热介质的烹调方法	2
	4-3　冷菜制作	（1）热制冷食菜肴的制作	6
		（2）拼盘的制作	6
课堂学时合计			56

（4）高级职业技能培训课程

模块	课程	学习单元	课堂学时
1．原料初加工	1-1　鲜活原料的初加工	（1）贝类、爬行类、软体类原料清洗整理	2
		（2）虾蟹类原料清洗整理	1
	1-2　加工性原料的初加工	（1）干制鱿鱼、墨鱼等涨发加工	1
		（2）干制鱼肚、干贝等涨发加工	1
2．原料分档与切割	2-1　原料分割	（1）整料脱骨	1
	2-2　原料切割成形	（1）茸、泥加工	1
		（2）整形雕刻工艺	2
	2-3　菜肴组配	（1）花式菜肴组配	2
3．原料预制与预制加工处理	3-1　制汤	（1）清汤、奶汤、浓汤的制作	4
	3-2　制冻	（1）琼脂冻、鱼胶、皮冻的制作	1
	3-3　制茸胶	（1）鱼类茸胶、虾类茸胶、鸡类茸胶的制作	2
4．菜肴制作	4-1　热菜烹制	（1）以水为传热介质的烹调方法	10
		（2）以油为传热介质的烹调方法	6
		（3）以汽为传热介质的烹调方法	2
	4-2　冷菜制作	（1）一般冷菜制作	4
		（2）象形冷菜的拼摆	8
课堂学时合计			48

（5）技师职业技能培训课程

模块	课程	学习单元	课堂学时
1．原料鉴别与加工	1-1　原料鉴别	（1）特色干制动物性原料的品质鉴别	2
	1-2　加工性原料的初加工	（2）特色干制动物性原料涨发加工	9
2．菜单设计	2-1　零点菜单设计	（1）零点菜单的结构及作用	2
		（2）零点菜单设计的原则及方法	2

续表

模块	课程	学习单元	课堂学时
2．菜单设计	2–2　宴会菜单设计	（1）宴会的类型及发展	2
		（2）宴会菜单的结构及作用	4
		（3）宴会菜单设计的原则和方法	6
3．菜肴制作与装饰	3–1　热菜烹制	（1）菜系概述	1
		（2）鲁菜特色菜肴的制作	1
		（3）川菜特色菜肴的制作	1
		（4）粤菜特色菜肴的制作	1
		（5）苏菜特色菜肴的制作	1
		（6）其他特色菜肴的制作	4
	3–2　冷菜烹制	（1）各客冷拼的拼摆	4
	3–3　餐盘装饰	（1）各客冷拼的美化	2
		（2）餐盘装饰	2
4．厨房管理	4–1　成本管理	（1）厨房管理和成本管理概述	1
		（2）厨房产品成本控制	1
		（3）厨房成本核算报表	1
		（4）编制控制成本的方案	1
	4–2　厨房生产管理	（1）厨房生产各阶段的管理细则	1
		（2）制定标准食谱	1
		（3）控制厨房出品秩序	1
5．培训指导	5–1　专业培训	（1）编写培训计划	1
		（2）编写培训教案	1
		（3）实施培训教学	1
	5–2　技能指导	（1）技能指导的组织和评定	2
课堂学时合计			56

（6）高级技师职业技能培训课程

<table>
<tr><th>模块</th><th>课程</th><th>学习单元</th><th>课堂学时</th></tr>
<tr><td rowspan="4">1．宴会主理</td><td rowspan="2">1–1　宴会菜肴的组织</td><td>（1）宴会菜肴制作</td><td>1</td></tr>
<tr><td>（2）宴会菜肴制作实施方案的编制</td><td>4</td></tr>
<tr><td rowspan="2">1–2　宴会服务的协调</td><td>（1）宴会服务概述</td><td>1</td></tr>
<tr><td>（2）协调宴会服务的方案实施</td><td>4</td></tr>
<tr><td rowspan="4">2．菜肴制作与装饰</td><td rowspan="2">2–1　创新菜的制作与开发</td><td>（1）新技法创新菜肴</td><td>2</td></tr>
<tr><td>（2）新原料、新调料创新菜肴</td><td>2</td></tr>
<tr><td rowspan="2">2–2　主题展台的设计</td><td>（1）主题性展台的设计</td><td>4</td></tr>
<tr><td>（2）主题性展台的美化、装饰</td><td>4</td></tr>
<tr><td rowspan="6">3．厨房管理</td><td rowspan="2">3–1　厨房整体布局</td><td>（1）影响厨房布局的因素</td><td>1</td></tr>
<tr><td>（2）中餐厨房布局</td><td>2</td></tr>
<tr><td rowspan="2">3–2　人员组织</td><td>（1）厨房各岗位人员配备</td><td>2</td></tr>
<tr><td>（2）厨房各岗位职责</td><td>2</td></tr>
<tr><td rowspan="2">3–3　菜肴质量管理分工</td><td>（1）菜肴质量评价标准及质量控制方案</td><td>2</td></tr>
<tr><td>（2）菜肴质量的针对性控制</td><td>2</td></tr>
<tr><td rowspan="4">4．培训指导</td><td rowspan="3">4–1　培训</td><td>（1）编写培训讲义</td><td>2</td></tr>
<tr><td>（2）培训实施</td><td>2</td></tr>
<tr><td>（3）多媒体课件的制作和应用</td><td>2</td></tr>
<tr><td>4–2　指导</td><td>（1）技能指导</td><td>1</td></tr>
<tr><td colspan="3">课堂学时合计</td><td>40</td></tr>
</table>

1.1.3　培训课程选择指导

职业基本素质培训课程为必修课程，相当于本职业的入门课程。各级别职业技能培训课程由培训机构教师根据培训学员实际情况，遵循高级别涵盖低级别的原则进行选择。

原则上，初入职的培训学员应学习职业基本素质培训课程和初级职业技能培训课程的全部内容，有职业技能等级提升需求的培训学员，可按照国家职业技能标准的

“鉴定要求”，对照自身需求选择更高等级的培训课程。

具有一定从业经验、无职业技能等级晋升要求的培训学员，可根据自身实际情况自主选择本职业培训课程体系。具体方法为：(1）选择课程模块；(2）在模块中筛选课程；(3）在课程中筛选学习单元；(4）组合成本次培训的课程内容。

培训教师可以根据以上方法对培训学员进行单独指导。对于订单培训，培训教师可以按照如上方法，对照订单需求进行培训课程的选择。

1.1.4 各类资源使用说明

（待各类资源开发完成后补充。）

1.2 职业指南

1.2.1 职业描述

中式烹调师是根据成菜要求，运用相应的刀工与烹调技法，对不同的烹饪原料（主料、辅料、调料）进行加工、制作中式菜肴的从业人员。

1.2.2 职业培训对象

中式烹调师职业培训的对象主要包括：城乡未继续升学的应届初高中毕业生、农村转移就业劳动者、城镇登记失业人员、转岗转业人员、退役军人、企业在职职工和高校毕业生等各类有培训需求的人员。

1.2.3 就业前景

中式烹调师的工作岗位有热菜、切配、打荷、冷菜、初加工等，还可以视情况晋升为领班、厨师长、总厨、总监等行政技术岗位。可以在宾馆、酒店、游轮、度假村、公寓等场所内部的餐饮部（包括各种风味的餐厅等）、各类独立经营的餐饮服务机构（包括社会餐厅、餐馆、酒楼、餐饮店、快餐店、小吃店等），以及企事业单位的餐厅及一些社会保障与服务部门的餐饮服务机构（包括企事业单位食堂、餐厅，学校、幼儿园的餐厅，监狱的餐厅，医院的餐厅，军营的餐饮服务机构等）从事工作。

1.3 培训机构设置指南

1.3.1 师资配备要求

（1）培训教师任职基本条件

1）培训初级、中级、高级中式烹调师的教师应具有本职业技师及以上职业资格证书或相关专业中级及以上专业技术职务任职资格。

2）培训中式烹调师技师的教师应具有本职业高级技师职业资格证书或相关专业高级专业技术职务任职资格。

3）培训中式烹调师高级技师的教师具有本职业高级技师职业资格证书 2 年以上或相关专业高级专业技术职务任职资格。

（2）培训教师数量要求（以 30 人培训班为基准）

专业课教师：2 人以上（含 2 人）；培训规模超过 30 人的，按教师与学员之比不低于 1 : 20 配备教师。

1.3.2 培训场所设备配置要求

培训场所设备配置要求如下（以 30 人培训班为基准）：

（1）理论知识培训场所设备配置要求：60 平方米以上标准教室，多媒体教学设备（计算机、投影仪、幕布或显示屏、网络接入设备、音响设备）、黑板、30 套以上桌椅，符合照明、通风、安全等相关规定。

（2）操作技能培训场所设备配置要求：实习工位充足，设备设施配套齐全，符合环保、劳保、安全、卫生、消防、通风和照明等相关规定及安全规程。

其中：中式烹调师（初级、中级、高级）培训场所应具备教师演示和学员练习两个功能，包括：仓储、初加工、演示、切配和烹调等功能区；中式烹调师（技师、高级技师）的培训场所可增加作品展示功能区。

实训用用具设备及其他物品、材料等配置要求如下：

序号	用具设备及其他物品、材料	数量或规格说明	等级				
			初级	中级	高级	技师	高技
1	双眼或单眼炉灶	炉眼 16 个以上	√	√	√	√	√
2	水池（配水龙头）	与炉灶数一致	√	√	√	√	√

续表

序号	用具设备及其他物品、材料	数量或规格说明	等级				
			初级	中级	高级	技师	高技
3	炒锅（配锅盖）	与炉眼数一致	√	√	√	√	√
4	漏勺	与炉眼数一致	√	√	√	√	√
5	手勺	与炉眼数一致	√	√	√	√	√
6	铲子	与炉眼数一致	√	√	√	√	√
7	筷子	与炉眼数一致	√	√	√	√	√
8	调味器皿（每组不少于6个）	与炉灶数一致	√	√	√	√	√
9	油罐	与炉眼数一致	√	√	√	√	√
10	网筛	与炉灶数一致	√	√	√	√	√
11	操作台（工作桌）	工位数15个以上	√	√	√	√	√
12	展示桌	15张以上				√	√
13	菜墩（塑料或木质）	与工位数一致	√	√	√	√	√
14	不锈钢发料盘	与工位数一致	√	√	√	√	√
15	不锈钢盆	与工位数一致	√	√	√	√	√
16	废料盆	与工位数一致	√	√	√	√	√
17	器皿（碗、盘等）	与培训菜肴种类及数量一致	√	√	√	√	√
18	蒸箱	1台	√	√	√	√	√
19	双层烤箱（含烤盘）	1台	√	√	√	√	√
20	双门双温柜式电冰箱（配保鲜盒）	1台	√	√	√	√	√
21	电开水箱	1台	√	√	√	√	√
22	塑料筐（周转箱）	6个	√	√	√	√	√
23	配菜盘	30个	√	√	√	√	√
24	刀具柜	1个	√	√	√	√	√
25	盘碗盛放厨柜	2个	√	√	√	√	√
26	三层货架（原料摆放）	2个	√	√	√	√	√

续表

序号	用具设备及其他物品、材料	数量或规格说明	等级				
			初级	中级	高级	技师	高技
27	不锈钢大桶（食用油盛放）	2 个	√	√	√	√	√
28	大型塑料箱（调、辅料盛放）	4 个	√	√	√	√	√
29	磨刀石	5 块	√	√	√	√	√
30	剪刀	1 把	√	√	√	√	√
31	垃圾桶	2 个	√	√	√	√	√
32	拖把	5 把	√	√	√	√	√
33	扫把	5 把	√	√	√	√	√
34	簸箕	5 把	√	√	√	√	√
35	抹布	30 块	√	√	√	√	√
36	锅刷	与炉眼数一致	√	√	√	√	√
37	清洁剂	10 瓶	√	√	√	√	√
38	台签	若干	√	√	√	√	√
39	文件夹	若干	√	√	√	√	√
40	打印机、电脑	各 1 台	√	√	√	√	√
41	笔、纸	若干	√	√	√	√	√
42	不锈钢汤桶	3 个	√	√	√	√	√
43	制冰机	1 台			√	√	√
44	多功能搅拌器	1 台	√	√	√	√	√
45	鱼鳞刮	10 个	√	√	√	√	√

1.3.3 教学资料配备要求

（1）培训规范：《中式烹调师国家职业技能标准》《中式烹调师职业基本素质培训要求》《中式烹调师职业技能培训要求》《中式烹调师职业基本素质培训课程规范》《中式烹调师职业技能培训课程规范》《中式烹调师职业基本素质培训考核规范》《中式烹调师职业技能培训理论知识考核规范》《中式烹调师职业技能培训操作技能考核规范》。

（2）教学资源、教材教辅、网络资源等内容必须符合“（1）培训规范”。

1.3.4　管理人员配备要求

（1）专职校长：1 人，应具有大专及以上文化程度、中级及以上专业技术职务任职资格，从事职业技术教育及教学管理 5 年以上，熟悉职业培训的有关法律法规。

（2）教学管理人员：1 人以上，专职不少于 1 人；应具有大专及以上文化程度、中级及以上专业技术职务任职资格，从事职业技术教育及教学管理 5 年以上，具有丰富的教学管理经验。

（3）办公室人员：1 人以上，应具有大专及以上文化程度。

（4）财务管理人员：2 人，应具有大专及以上文化程度。

1.3.5　管理制度要求

应建立健全完备的管理制度，包括办学章程与发展规划、教学管理、教师管理、学员管理、财务管理、设备管理等制度。

2

课程包

2.1 培训要求

2.1.1 职业基本素质培训要求

职业基本素质模块	培训内容	培训细目
1．职业认知与职业道德	1–1 职业认知	（1）中式烹调师简介 （2）中式烹调师的工作内容
	1–2 职业道德基本知识	（1）“四德”建设的主要内容 （2）社会主义核心价值观 （3）职业道德修养 （4）餐饮从业人员职业道德规范
	1–3 职业守则	（1）餐饮从业人员职业守则
2．烹饪原料基础知识	2–1 原料的分类	（1）原料的分类方法 （2）原料的种类
	2–2 原料的特性	（1）果蔬原料的特性 （2）畜类原料的特性 （3）禽类原料的特性 （4）水产品原料的特性 （5）调味品原料的特性 （6）加工性原料的特性
	2–3 原料的选择与鉴别	（1）果蔬原料的选择与鉴别 （2）畜类原料的选择与鉴别 （3）禽类原料的选择与鉴别 （4）水产品原料的选择与鉴别 （5）调味品原料的选择与鉴别 （6）加工性原料的选择与鉴别
	2–4 原料的保管与储藏	（1）谷类原料的保管与储藏 （2）豆类及其制品的保管与储藏 （3）果蔬类原料的保管与储藏 （4）畜禽肉类及其制品的保管与储藏 （5）水产类原料的保管与储藏 （6）奶类及其制品的保管与储藏 （7）蛋类及其制品的保管与储藏 （8）调味品及加工性原料的保管与储藏

续表

职业基本素质模块	培训内容	培训细目
3．食品卫生与厨房安全知识	3-1　食品污染	（1）食品污染的概念及类型 （2）各类食品污染及其预防
	3-2　食物中毒及预防	（1）食源性疾病与食物中毒 （2）食物中毒的类型 （3）食物中毒事故的处理原则
	3-3　烹饪原料的卫生	（1）各类原料的卫生与安全
	3-4　烹饪工艺的卫生	（1）烹饪原料初加工工艺卫生与安全 （2）烹饪工艺卫生与安全
	3-5　饮食卫生要求	（1）饮食卫生“五四”制 （2）餐饮企业的环境卫生 （3）食品生产、储存、运输、销售过程的卫生要求 （4）食品管理工作要求
	3-6　安全用电知识	（1）厨房安全用电知识 （2）触电的现场救护
	3-7　防火防爆安全知识	（1）防火知识 （2）防爆知识
	3-8　设备、工具的安全使用与保养	（1）设备的安全使用与保养 （2）工具的安全使用与保养
4．饮食营养知识	4-1　食物的消化与吸收	（1）消化系统 （2）食物的消化 （3）食物的吸收 （4）烹饪与消化的关系
	4-2　人体必需的营养素	（1）蛋白质 （2）脂类 （3）碳水化合物 （4）维生素 （5）矿物质 （6）水

续表

职业基本素质模块	培训内容	培训细目
4．饮食营养知识	4–3　原料的营养价值	（1）谷类原料的营养价值 （2）豆类及其制品的营养价值 （3）果蔬类原料的营养价值 （4）畜禽肉类及其制品的营养价值 （5）水产类原料的营养价值 （6）奶类及其制品的营养价值 （7）蛋类及其制品的营养价值 （8）调味品及加工性原料的营养价值
	4–4　平衡膳食	（1）平衡膳食 （2）中国居民膳食指南
5．餐饮业成本核算	5–1　成本的计算	（1）净料成本的计算 （2）调味品成本的计算 （3）产品成本的计算
	5–2　毛利率的计算	（1）毛利率的计算 （2）产品价格的计算
6．相关法律、法规知识	6–1　法律知识	（1）《中华人民共和国劳动法》 （2）《中华人民共和国食品安全法》 （3）《中华人民共和国环境保护法》
	6–2　法规知识	（1）《食品生产许可管理办法》 （2）《餐饮业和集体用餐配送单位卫生规范》

2.1.2　初级职业技能培训要求

职业功能模块	培训内容	技能目标	培训细目
1．岗前准备	1–1　个人、环境及工具准备	1–1–1　能进行个人卫生整理、工服规范穿戴、仪容仪表自查	（1）个人卫生的整理 （2）个人工服的规范穿戴 （3）仪容仪表检查
		1–1–2　能进行环境准备	（1）环境卫生检查与准备
		1–1–3　能进行厨房各岗位工具准备	（1）厨房各岗位工具准备 （2）盛具准备

续表

职业功能模块	培训内容	技能目标	培训细目
2．原料初加工	2-1　鲜活原料的初加工	2-1-1　能对果蔬类原料进行鉴别、选择及清洗整理等加工	（1）果蔬类原料品质鉴别、选择 （2）果蔬类原料的清洗整理
		2-1-2　能对家禽类原料进行清洗整理	（1）家禽的宰杀 （2）光禽原料择毛 （3）光禽原料内脏去除 （4）光禽原料清洗整理
		2-1-3　能对有鳞鱼类原料进行清洗整理	（1）有鳞鱼类宰杀 （2）有鳞鱼类清洗整理
	2-2　冷冻及加工性原料的初加工	2-2-1　能对冷冻原料进行解冻整理	（1）冷冻原料解冻处理 （2）解冻原料整理保管
		2-2-2　能对干制食用菌类、干菜类等常见原料进行涨发加工	（1）干制食用菌类原料的涨发 （2）干菜类原料的涨发
3．原料分档与切割	3-1　原料分割	3-1-1　能根据鸡、鸭等家禽类原料的部位特点进行分割、取料	（1）光鸡（鸭）的分割、取料 （2）鸡（鸭）腿的出肉加工
		3-1-2　能根据有鳞鱼类的部位特点进行分割、取料	（1）草鱼（鲢鱼、鲤鱼、黑鱼、鲈鱼、带鱼等）的分割、取料 （2）鳊鱼（多宝鱼、鲳鱼等）的分割、取料
	3-2　原料切割成形	3-2-1　能将植物原料切割成烹调所需的各种标准形状	（1）将植物性原料切成块 （2）将植物性原料切成段 （3）将植物性原料切成条 （4）将植物性原料切成丁 （5）将植物性原料切成片 （6）将植物性原料切成丝 （7）将植物性原料切成粒 （8）将植物性原料切成末

续表

职业功能模块	培训内容	技能目标	培训细目
3．原料分档与切割	3-2　原料切割成形	3-2-2　能将动物原料切割成烹调所需的各种标准形状	(1) 将动物性原料切成块 (2) 将动物性原料切成段 (3) 将动物性原料切成条 (4) 将动物性原料切成丁 (5) 将动物性原料切成片 (6) 将动物性原料切成丝
	3-3　菜肴组配	3-3-1　能根据菜肴规格配制常见的基础菜肴	(1) 配制“红烧豆腐” (2) 配制“土豆烧牛肉” (3) 配制“三色鸡片” (4) 配制“烧溜鱼条” (5) 配制“滑炒三丁” (6) 配制“青椒鱼片”
		3-3-2　能根据菜肴品种选用盛器	(1) 选用“炖”菜盛器 (2) 选用“烩”菜盛器 (3) 选用“炒”菜盛器 (4) 选用“烧”菜盛器 (5) 选用“煮”菜盛器 (6) 选用“蒸”菜盛器 (7) 选用“炸”菜盛器
4．原料预制与预制加工处理	4-1　着衣处理	4-1-1　能对原料进行直接拍粉处理	(1) 选择粉料 (2) 对原料进行拍粉处理
		4-1-2　能对原料进行拖蛋液、拍粉处理	(1) 原料拖蛋液 (2) 原料拖蛋液后拍粉
	4-2　调味处理	4-2-1　能对动物性原料进行腌制处理	(1) 选择腌制调味品 (2) 对动物性原料进行腌制处理
		4-2-2　能调制咸鲜味、咸甜味、咸香味等味汁	(1) 调制咸鲜味汁 (2) 调制咸甜味汁 (3) 调制咸香味汁
	4-3　预熟处理	4-3-1　能对原料进行冷水锅预熟处理	(1) 对原料进行冷水锅预熟处理
		4-3-2　能对原料进行热水锅预熟处理	(1) 对原料进行热水锅预熟处理

续表

职业功能模块	培训内容	技能目标	培训细目
5．菜肴制作	5-1　临灶操作	5-1-1　能掌握正确的操作姿势	（1）临灶操作准备 （2）临灶姿势
		5-1-2　能识别火力和掌握油温	（1）识别及调控火力 （2）识别及掌握油温
		5-1-3　能掌握菜肴的调味	（1）加热前的调味 （2）加热中的调味 （3）加热后的调味
		5-1-4　能基本掌握勺工技术	（1）掌握勺工姿势 （2）掌握勺工技法
	5-2　热菜制作	5-2-1　能基本掌握以水为传热介质的烹调方法	（1）制作西红柿鸡蛋汤等菜肴 （2）制作汆肉丸子等菜肴 （3）制作红烧肉等菜肴
		5-2-2　能基本掌握以油为传热介质的烹调方法	（1）制作炸鸡翅等菜肴 （2）制作炒土豆丝等菜肴
		5-2-3　能基本掌握以汽为传热介质的烹调方法	（1）制作粉蒸肉等菜肴 （2）制作蒸排骨等菜肴 （3）制作清蒸鱼等菜肴
	5-3　冷菜制作	5-3-1　能运用炝、拌、腌等常见烹调方法制作冷制冷食菜肴	（1）制作炝莴笋等菜肴 （2）制作拌芹菜等菜肴 （3）制作腌萝卜等菜肴
		5-3-2　能进行单一主料冷菜的拼摆及成形	（1）拼摆宝塔形冷菜 （2）拼摆馒头形冷菜

2.1.3 中级职业技能培训要求

<table>
<tr><th>职业功能模块</th><th>培训内容</th><th>技能目标</th><th>培训细目</th></tr>
<tr><td rowspan="5">1．原料初加工</td><td rowspan="3">1-1 鲜活原料的初加工</td><td>1-1-1 能对动物性鲜活原料进行品质鉴别</td><td>（1）畜类（猪、牛、羊）原料的品质鉴别
（2）禽类（鸡、鸭）原料的品质鉴别
（3）水产品（鱼、虾、蟹、贝类）原料的品质鉴别</td></tr>
<tr><td>1-1-2 能对家畜类的头、蹄、尾部及内脏原料进行清洗整理</td><td>（1）家畜类头的清洗整理
（2）家畜类蹄的清洗整理
（3）家畜类尾部的清洗整理
（4）家畜类内脏的清洗整理</td></tr>
<tr><td>1-1-3 能对无鳞鱼类原料进行清洗整理</td><td>（1）鲶鱼的清洗整理
（2）鳝鱼的清洗整理
（3）青占鱼的清洗整理</td></tr>
<tr><td rowspan="2">1-2 加工性原料的初加工</td><td>1-2-1 能对加工性原料进行品质鉴别</td><td>（1）腌制类原料的品质鉴别
（2）酱制类原料的品质鉴别
（3）熏制类原料的品质鉴别
（4）干制类原料的品质鉴别</td></tr>
<tr><td>1-2-2 能对蹄筋、肉皮等干料进行涨发加工</td><td>（1）蹄筋的涨发加工
（2）肉皮的涨发加工</td></tr>
<tr><td rowspan="2">2．原料分档与切割</td><td rowspan="2">2-1 原料分割</td><td>2-1-1 能根据家畜类原料的部位特点进行分割、取料</td><td>（1）对带骨猪肉的分割、剔骨加工
（2）对带骨牛肉的分割、剔骨加工
（3）对带骨羊肉的分割、剔骨加工</td></tr>
<tr><td>2-1-2 能根据无鳞鱼类原料的品种及部位特点进行分割、取料</td><td>（1）对鳝鱼的分割、取料
（2）对鲶鱼的分割、取料
（3）对鳗鱼的分割、取料</td></tr>
</table>

续表

职业功能模块	培训内容	技能目标	培训细目
2．原料分档与切割	2–2　原料切割成形	2–2–1　能根据菜肴要求将动物性原料切割成丝、麦穗花刀等形状	（1）将动物性原料切成丝（猪里脊肉、牛里脊肉、鱼肉等） （2）将动物性原料切成麦穗花刀（鱿鱼、猪腰、墨鱼等） （3）将动物性原料切成菊花花刀（鸭胗、鱼肉、猪里脊肉等）
		2–2–2　能根据菜肴要求将植物性原料切割成兰花花刀等形状	（1）将植物性原料切成兰花花刀（黄瓜、莴笋等） （2）将植物性原料切成蓑衣花刀（黄瓜、香干等） （3）将植物性原料切成玉翅花刀（黄瓜、萝卜等）
		2–2–3　能根据菜肴要求将植物性原料雕刻成花卉等形状	（1）将植物性原料雕刻成月季花（胡萝卜、白萝卜、心里美萝卜等） （2）将植物性原料雕刻成菊花（白菜、白萝卜、心里美萝卜等） （3）将植物性原料雕刻成白莲花（胡萝卜、白萝卜、心里美萝卜等）
	2–3　菜肴组配	2–3–1　能根据原料的质地、色彩、形态要求，进行主、配料的搭配组合	（1）配制“双色芙蓉蛋” （2）配制“彩色鱼米” （3）配制“三丝豆腐羹” （4）配制“油爆双脆” （5）配制“宫保鸡丁”
		2–3–2　能运用排、扣、贴等手法组配花式菜肴	（1）组配“火腿蒸瓜脯” （2）组配“干菜扣肉” （3）组配“锅贴鱼片”

续表

职业功能模块	培训内容	技能目标	培训细目
3．原料预制与预制加工处理	3-1 着衣处理	3-1-1 能调制水粉浆、蛋清浆等，并能选择合适的浆液对原料进行上浆处理	(1) 对肉片进行水粉浆的上浆 (2) 对鱼片进行蛋清浆的上浆
		3-1-2 能调制全蛋糊、蛋清糊、蛋黄糊等，并能根据原料要求选择合适的糊进行挂糊处理	(1) 对肉片进行全蛋糊的挂糊 (2) 对鱼条进行蛋清糊的挂糊 (3) 对鱼片进行蛋黄糊的挂糊
	3-2 调味、调色处理	3-2-1 能调制酸甜味、麻辣味等味汁	(1) 调制“酸甜味汁” (2) 调制“麻辣味汁” (3) 调制“鱼香味汁” (4) 调制“酸辣味汁”
		3-2-2 能运用调料对原料进行调色处理	(1) 用酱油调色 (2) 用糖调色 (3) 用咖喱调色 (4) 用番茄酱调色 (5) 用辣椒酱调色
	3-3 预熟处理	3-3-1 能对原料进行过油、走红预熟处理	(1) 肉片的滑油处理 (2) 排骨的走油处理 (3) 熟五花肉的过油走红处理 (4) 猪大肠的卤汁走红处理
		3-3-2 能制作基础汤	(1) 制作基础汤
4．菜肴制作	4-1 临灶操作	4-1-1 能掌握火候	(1) 控制火力与加热时间 (2) 控制原料的成熟度
		4-1-2 能掌握勾芡	(1) 调制兑汁芡 (2) 调制跑马芡

续表

职业功能模块	培训内容	技能目标	培训细目
4．菜肴制作	4–2 热菜制作	4–2–1 能掌握以水为传热介质的烹调方法	（1）制作烩三丝等菜肴 （2）制作黄焖鸡翅等菜肴
		4–2–2 能掌握以油为传热介质的烹调方法	（1）制作熘鱼片等菜肴 （2）制作爆鱿鱼卷等菜肴 （3）制作煎肉饼等菜肴 （4）制作炒青椒肉丝等菜肴
		4–2–3 能掌握以汽为传热介质的烹调方法	（1）制作蒸水蛋等菜肴 （2）制作蒸芙蓉等菜肴
	4–3 冷菜制作	4–3–1 能运用酱、卤等烹调方法制作热制冷食菜肴	（1）制作酱牛肉等菜肴 （2）制作卤肉等菜肴
		4–3–2 能制作拼盘	（1）制作双拼拼盘 （2）制作三拼拼盘 （3）制作什锦拼盘

2.1.4 高级职业技能培训要求

职业功能模块	培训内容	技能目标	培训细目
1．原料初加工	1–1 鲜活原料的初加工	1–1–1 能对贝类、爬行类、软体类原料进行清洗整理	（1）贝类原料的清洗整理 （2）爬行类原料的清洗整理 （3）软体类原料清洗整理
		1–1–2 能对虾、蟹类原料进行清洗整理	（1）虾类原料的清洗整理 （2）蟹类原料的清洗整理
	1–2 加工性原料的初加工	1–2–1 能对干制鱿鱼、墨鱼等进行涨发加工	（1）干制鱿鱼的涨发 （2）墨鱼的涨发
		1–2–2 能对干制鱼肚等进行涨发加工	（1）鱼肚的涨发

续表

职业功能模块	培训内容	技能目标	培训细目
2. 原料分档与切割	2-1　原料分割	2-1-1　能对整形原料进行脱骨处理	(1) 对整鸡（鸭）的脱骨处理 (2) 对整鱼的脱骨处理
	2-2　原料切割成形	2-2-1　能对动植物性原料进行茸、泥处理	(1) 将动物性原料（鱼肉、鸡肉、猪肉等）制成茸 (2) 将植物性原料（豆腐、山药、土豆等）制成泥
		2-2-2　能运用适当的原料进行各种常见动物造型的雕刻	(1) 将植物性原料（白萝卜、胡萝卜等）雕刻成仙鹤 (2) 将植物性原料（胡萝卜、白萝卜、心里美萝卜等）雕刻成绶带鸟 (3) 将植物性原料（青萝卜、莴笋等）雕刻成螳螂 (4) 将植物性原料（胡萝卜、心里美萝卜等）雕刻成金鱼 (5) 将植物性原料（胡萝卜、心里美萝卜、莴笋等）雕刻成虾
	2-3　菜肴组配	2-3-1　能运用包、卷、扎、夹、酿、穿、塑等手法组配花式菜肴	(1) 组配“芙蓉石榴包” (2) 组配“三丝鱼卷” (3) 组配“柴把鸭子” (4) 组配“香炸茄夹” (5) 组配“煎酿青瓜” (6) 组配“玉簪虾球” (7) 组配“橄榄鱼丸”
3. 原料预制与预制加工处理	3-1　制汤	3-1-1　能制作清汤、奶汤、浓汤	(1) 制作清汤 (2) 制作奶汤 (3) 制作浓汤
	3-2　制冻	3-2-1　能制作琼脂、鱼胶、皮冻类菜肴	(1) 制作琼脂冻类菜肴 (2) 制作鱼胶冻类菜肴 (3) 制作皮冻类菜肴
	3-3　制茸胶	3-3-1　能制作鱼、虾、鸡类茸胶菜肴	(1) 制作鱼类茸胶菜肴 (2) 制作虾类茸胶菜肴 (3) 制作鸡类茸胶菜肴

续表

职业功能模块	培训内容	技能目标	培训细目
4．菜肴制作	4-1　热菜烹制	4-1-1　能运用水导热中拔丝、蜜汁、扒、煨、炖、贴、塌的烹调方法制作菜肴	（1）制作拔丝苹果 （2）制作蜜汁山药 （3）制作扒菜心 （4）制作煨牛肉 （5）制作小鸡炖蘑菇 （6）制作锅塌豆腐 （7）制作锅贴鱼
		4-1-2　能运用油导热中熘、爆、炒的烹调方法制作菜肴	（1）制作松鼠鱼 （2）制作爆双脆 （3）制作炒鱼丝
		4-1-3　能运用气导热中烤、焗的烹调方法制作菜肴	（1）制作烤鱼 （2）制作焗大虾
	4-2　冷菜制作	4-2-1　能运用挂霜、琉璃、糟等烹调方法制作冷菜	（1）制作挂霜花生 （2）制作琉璃苹果 （3）制作糟带鱼
		4-2-2　能完成象形冷菜拼摆	（1）拼摆彩碟双飞 （2）拼摆鸟语花香 （3）拼摆荷塘月色 （4）拼摆金鸡报晓 （5）拼摆雄鹰展翅

2.1.5　技师职业技能培训要求

职业功能模块	培训内容	技能目标	培训细目
1．原料鉴别与加工	1-1　原料鉴别	1-1-1　能对特色干制动物性原料的品质进行鉴别	（1）鲍鱼的品质鉴别 （2）海参的品质鉴别 （3）鱼皮的品质鉴别 （4）哈士蟆油的品质鉴别 （5）鱼肚的品质鉴别
	1-2　加工性原料的初加工	1-2-1　能对特色干制动物性原料进行涨发加工	（1）鲍鱼的涨发加工 （2）海参的涨发加工 （3）鱼皮的涨发加工 （4）哈士蟆油的涨发加工 （5）鱼肚的涨发加工

续表

职业功能模块	培训内容	技能目标	培训细目
2．菜单设计	2–1　零点菜单设计	2–1–1　能根据企业定位、经营特点和企业综合资源设计零点菜单	（1）根据企业定位，设计零点菜单 （2）根据企业经营特点，设计零点菜单 （3）根据企业经营对象，设计零点菜单
		2–1–2　能根据零点的特点，对冷、热菜及面点等进行组合设计	（1）早餐零点菜单的组合设计 （2）正餐零点菜单的组合设计
	2–2　宴会菜单设计	2–2–1　能根据不同主题设计宴会菜单，并能根据宴会规格，对冷菜、热菜、点心等进行合理搭配	（1）婚宴菜单设计 （2）生日宴菜单设计 （3）节庆宴菜单设计 （4）庆典宴菜单设计 （5）商务宴菜单设计 （6）酬谢宴菜单设计 （7）特色宴会菜单设计
		2–2–2　能根据季节、风俗习惯、服务对象设计整套宴会菜肴	（1）根据不同季节设计宴会菜肴 （2）根据不同风俗习惯设计宴会菜肴 （3）根据宴会不同对象设计宴会菜肴
3．菜肴制作与装饰	3–1　热菜烹制	3–1–1　能运用各种烹饪原料、方法，制作国内主要菜系的特色菜肴	（1）制作鲁菜特色菜肴 （2）制作川菜特色菜肴 （3）制作粤菜特色菜肴 （4）制作苏菜特色菜肴 （5）制作其他菜系特色菜肴
	3–2　冷菜烹制	3–2–1　能根据要求进行各客冷拼的拼摆，形成拼摆图形	（1）拼摆风景类冷拼 （2）拼摆植物类冷拼 （3）拼摆动物类冷拼 （4）拼摆几何类冷拼
		3–2–2　能根据各客冷拼的图形进行适当的美化	（1）美化风景类冷拼 （2）美化植物类冷拼 （3）美化动物类冷拼 （4）美化几何类冷拼

续表

职业功能模块	培训内容	技能目标	培训细目
3．菜肴制作与装饰	3-3　餐盘装饰	3-3-1　能根据菜肴、餐盘特点合理使用原料装饰	（1）使用蔬菜类原料装饰 （2）使用水果类原料装饰 （3）使用果酱类原料进行装饰 （4）使用糖艺进行装饰 （5）使用面塑进行装饰
		3-3-2　能运用各种装饰方法美化餐盘	（1）全围式餐盘装饰 （2）半围式餐盘装饰 （3）对称式餐盘装饰 （4）中心式餐盘装饰 （5）覆盖式餐盘装饰
4．厨房管理	4-1　成本管理	4-1-1　能提出厨房产品成本控制的措施	（1）厨房加工过程的成本控制 （2）厨房配制过程的成本控制 （3）厨房烹调过程的成本控制
		4-1-2　能填写厨房成本核算报表	（1）填写厨房成本核算日报表 （2）填写厨房成本核算月报表
		4-1-3　能编制控制成本的方案	（1）编制成本预算控制的方案 （2）编制厨房生产成本控制方案
	4-2　厨房生产管理	4-2-1　能对厨房生产各阶段的运转制定管理细则	（1）制定厨房加工阶段的管理细则 （2）制定厨房配制阶段的管理细则 （3）制定厨房烹调阶段的管理细则
		4-2-2　能制定出标准食谱	（1）制定标准食谱 （2）管理标准食谱
		4-2-3　能根据厨房生产各阶段的要求控制好厨房出品秩序	（1）控制好厨房加工过程的出品秩序 （2）控制好厨房配制过程的出品秩序 （3）控制好厨房烹调过程的出品秩序

续表

职业功能模块	培训内容	技能目标	培训细目
5．培训指导	5-1　专业培训	5-1-1　能根据培训教材和教案对初级、中级、高级中式烹调师进行培训	（1）编写培训计划 （2）撰写培训教案 （3）实施培训教学
	5-2　技能指导	5-2-1　能对初级、中级、高级中式烹调师进行刀工、烹调技法、调味等技能指导	（1）技能指导的组织 （2）技能效果的评定

2.1.6　高级技师职业技能培训要求

职业功能模块	培训内容	技能目标	培训细目
1．宴会主理	1-1　宴会菜肴的组织	1-1-1　能根据宴会菜肴制作的需要编制实施方案	（1）编制“宴会菜肴生产工艺设计书” （2）编制“宴会菜肴用料单” （3）编制“原材料订购计划单” （4）编制宴会生产分工与完成时间计划 （5）编制生产设备与餐具的使用计划 （6）编制宴会生产的因素与处理预案
		1-1-2　能根据宴会菜肴制作的需要制定具体方案并组织实施	（1）按步骤编制宴会菜肴生产实施方案 （2）按步骤组织宴会菜肴生产的实施
	1-2　宴会服务的协调	1-2-1　能根据宴会任务的需要协助制定服务方案	（1）制订人员分工计划 （2）制订宴会场景布置计划 （3）制订物品准备计划 （4）协助制订开宴前的检查工作计划 （5）协助制订宴会现场指挥管理计划 （6）协助制订宴会结束工作计划

续表

职业功能模块	培训内容	技能目标	培训细目
1．宴会主理	1-2　宴会服务的协调	1-2-2　能根据宴会的任务需要掌握服务技能	（1）上菜说菜服务 （2）分菜撤菜服务 （3）酒水服务 （4）迎客送客服务 （5）应急情况处理
2．菜肴制作与装饰	2-1　创新菜的制作与开发	2-1-1　能运用国内外的新技法创制新菜肴	（1）运用真空低温烹调法创制新菜肴 （2）运用微波烹调法创制新菜肴
		2-1-2　能运用国内外的新原料、新调料创新菜肴	（1）运用新原料创新菜肴 （2）运用新调料创新菜肴
	2-2　主题展台的设计	2-2-1　能设计主题性展台	（1）设计重大节日主题性展台 （2）设计重大活动主题性展台
		2-2-2　能美化、装饰展台	（1）美化、装饰重大节日主题性展台 （2）美化、装饰重大活动主题性展台
3．厨房管理	3-1　厨房整体布局	3-1-1　能分析影响厨房布局的因素	（1）分析影响厨房位置的因素 （2）分析影响厨房面积的因素
		3-1-2　能设计中餐厨房布局	（1）设计 L 形中餐厨房 （2）设计直线形中餐厨房 （3）设计平行形中餐厨房 （4）设计 U 形中餐厨房
	3-2　人员组织	3-2-1　能分配厨房各岗位人员	（1）设置厨房组织结构 （2）调配厨房各岗位人员

续表

职业功能模块	培训内容	技能目标	培训细目
3．厨房管理	3-2　人员组织	3-2-2　能制定各岗位职责及管理办法	（1）制定炉灶岗位职责 （2）制定切配岗位职责 （3）制定打荷岗位职责 （4）制定冷菜岗位职责 （5）制定蒸灶岗位职责 （6）制定初加工岗位职责 （7）制定厨师长岗位职责
	3-3　菜肴质量管理分工	3-3-1　能制定菜肴质量评价标准并执行解决质量问题的方案	（1）能制定菜肴质量评价标准 （2）能制定菜肴质量控制的方案
		3-3-2　能对菜肴质量进行针对性控制	（1）对炉灶岗位的质量控制 （2）对切配岗位的质量控制 （3）对打荷岗位的质量控制 （4）对冷菜岗位的质量控制 （5）对蒸灶岗位的质量控制 （6）对初加工岗位的质量控制
4．培训指导	4-1　培训	4-1-1　能编写培训讲义	（1）编写培训讲义
		4-1-2　能对技师以下（含技师）的中式烹调师进行专业、专门培训	（1）常见培训教学法
		4-1-3　能制作并运用多媒体课件进行业务培训	（1）制作教学多媒体课件 （2）多媒体课件的教学运用
	4-2　指导	4-2-1　能对技师以下（含技师）的中式烹调师进行技能指导	（1）专业技能指导的方法

2.2 课程规范

2.2.1 职业基本素质培训课程规范

模块	课程	学习单元	课程内容	培训建议	课堂学时
1．职业认知与职业道德	1-1 职业认知	（1）职业认知	1）餐饮业认知	（1）方法：讲授法 （2）重点与难点：中式烹调师的工作内容	1
			2）中式烹调师职业认知		
	1-2 职业道德基本知识	（1）道德与职业道德	1）道德 ①道德的含义 ②维持道德的依据 ③公民道德规范 ④社会主义核心价值观	（1）方法：讲授法、案例教学法 （2）重点与难点：中式烹调师的职业道德规范	2
			2）职业道德 ①职业道德的概念 ②各行业共同的道德内容 ③服务态度、服务质量、职业道德三者的关系 ④加强职业道德修养		
			3）中式烹调师的职业道德规范		
	1-3 职业守则	（1）职业守则	1）忠于职守，爱岗敬业	（1）方法：讲授法、案例教学法 （2）重点与难点：中式烹调师的职业守则	1
			2）讲究质量，注重信誉		
			3）遵纪守法，讲究公德		
			4）尊师爱徒，团结协作		
			5）积极进取，开拓创新		

续表

模块	课程	学习单元	课程内容	培训建议	课堂学时
2．烹饪原料基础知识	2-1　原料的分类	（1）原料概述	1）烹饪原料概述 ①烹饪原料的概念 ②原料的分类 ③原料的特点	（1）方法：讲授法、案例教学法 （2）重点与难点：原料的特点	1
	2-2　原料的特性	（1）原料的特性	1）果蔬原料的特性	（1）方法：讲授法、案例教学法 （2）重点：果蔬原料的特性 （3）难点：水产品原料的特性	1
			2）畜类原料的特性		
			3）禽类原料的特性		
			4）水产品原料的特性		
			5）调味品原料的特性		
			6）加工性原料的特性		
	2-3　原料的选择与鉴别	（1）原料的选择与鉴别	1）果蔬原料的选择与鉴别	（1）方法：讲授法、案例教学法 （2）重点：水产品原料的选择与鉴别 （3）难点：畜类原料的选择与鉴别	1
			2）畜类原料的选择与鉴别		
			3）禽类原料的选择与鉴别		
			4）水产品原料的选择与鉴别		
			5）调味品原料的选择与鉴别		
			6）加工性原料的选择与鉴别		

续表

模块	课程	学习单元	课程内容	培训建议	课堂学时
2. 烹饪原料基础知识	2-4　原料的保管与储藏	(1) 原料的保管与储藏	1) 谷类原料的保管与储藏	(1) 方法：讲授法、案例教学法 (2) 重点：水产类原料的保管与储藏 (3) 难点：果蔬类原料的保管与储藏	1
			2) 豆类及其制品的保管与储藏		
			3) 果蔬类原料的保管与储藏		
			4) 畜禽肉类及其制品的保管与储藏		
			5) 水产类原料的保管与储藏		
			6) 奶类及其制品的保管与储藏		
			7) 蛋类及其制品的保管与储藏		
			8) 调味品及加工性原料的保管与储藏		
3. 食品卫生与厨房安全知识	3-1　食品污染	(1) 食品污染的概念及类型	1) 食品污染的概念	(1) 方法：讲授法 (2) 重点与难点：食品污染的概念及分类	1
			2) 食品污染的类型 ①生物性污染 ②化学性污染 ③物理性污染		

续表

模块	课程	学习单元	课程内容	培训建议	课堂学时
3．食品卫生与厨房安全知识	3-1　食品污染	（2）各类食品污染及其预防	1）食品的生物性污染及其预防 ①微生物污染及其预防 ②寄生虫污染及其预防	（1）方法：讲授法、案例教学法 （2）重点：各类食品污染及预防措施 （3）难点：食品微生物污染	1
			2）食品的化学性污染及其预防 ①金属毒物污染及其预防 ②残留物、禁用物污染及其预防 ③加工造成的污染及其预防		
			3）食品的物理性污染及其预防 ①异物污染及其预防 ②放射性污染及其预防		
	3-2　食物中毒及预防	（1）食源性疾病与食物中毒	1）食源性疾病	（1）方法：讲授法 （2）重点：食物中毒的概念及分类 （3）难点：食源性疾病与食物中毒的关联与区别	1
			2）食物中毒的概念及特点		
		（2）食物中毒的类型	1）细菌性食物中毒	（1）方法：讲授法、案例教学法 （2）重点与难点：各类食物中毒的特点与预防措施	1
			2）真菌性食物中毒		
			3）有毒动、植物食物中毒		
		（3）食物中毒事故的处理原则	1）食物中毒的一般急救处理	（1）方法：讲授法 （2）重点与难点：食物中毒事故的处理方法	1
			2）食物中毒调查处理程序与方法		

续表

<table>
<tr><th>模块</th><th>课程</th><th>学习单元</th><th>课程内容</th><th>培训建议</th><th>课堂学时</th></tr>
<tr><td rowspan="19">3．食品卫生与厨房安全知识</td><td rowspan="8">3–3　烹饪原料的卫生</td><td rowspan="8">（1）各类原料的卫生</td><td>1）粮豆的卫生</td><td rowspan="8">（1）方法：讲授法、案例教学法
（2）重点与难点：各类烹饪原料的卫生与安全问题</td><td rowspan="8">1</td></tr>
<tr><td>2）果蔬的卫生</td></tr>
<tr><td>3）畜肉的卫生</td></tr>
<tr><td>4）禽类的卫生</td></tr>
<tr><td>5）蛋类的卫生</td></tr>
<tr><td>6）水产的卫生</td></tr>
<tr><td>7）奶及奶制品的卫生</td></tr>
<tr><td>8）调味品的卫生</td></tr>
<tr><td rowspan="4">3–4　烹饪工艺的卫生</td><td rowspan="2">（1）烹饪原料初加工工艺卫生与安全</td><td>1）烹饪原料初加工的一般卫生要求</td><td rowspan="2">（1）方法：讲授法
（2）重点与难点：各种初加工工艺可能出现的卫生与安全问题及预防措施</td><td rowspan="2">1</td></tr>
<tr><td>2）常用原料的初加工卫生</td></tr>
<tr><td rowspan="2">（2）烹饪工艺卫生与安全</td><td>1）冷菜制作的卫生与安全</td><td rowspan="2">（1）方法：讲授法
（2）重点与难点：各种烹饪工艺可能出现的卫生与安全问题及预防措施</td><td rowspan="2">1</td></tr>
<tr><td>2）热菜制作的卫生与安全</td></tr>
<tr><td rowspan="4">3–5　饮食卫生要求</td><td>（1）饮食卫生“五四”制</td><td>1）食品加工、销售、饮食企业卫生“五四”制</td><td>（1）方法：讲授法
（2）重点与难点：饮食卫生“五四”制</td><td>1</td></tr>
<tr><td rowspan="3">（2）个人卫生</td><td>1）保持手的经常性清洁卫生</td><td rowspan="3">（1）方法：讲授法、实训法
（2）重点与难点：个人卫生的保持</td><td rowspan="3">1</td></tr>
<tr><td>2）保持饮食操作卫生</td></tr>
<tr><td>3）保持仪表整洁</td></tr>
</table>

续表

模块	课程	学习单元	课程内容	培训建议	课堂学时
3．食品卫生与厨房安全知识	3-5　饮食卫生要求	（3）餐饮企业的环境卫生	1）餐厅卫生 2）厨房卫生	（1）方法：讲授法 （2）重点与难点：餐饮企业环境的卫生要求	1
		（4）食品储存、销售过程的卫生要求	1）食品储存的卫生 2）食品销售的卫生	（1）方法：讲授法 （2）重点与难点：各环节的卫生要求	1
	3-6　安全用电知识	（1）厨房安全用电	1）厨房安全用电概述 ①安全用电的概念 ②安全用电的意义 ③安全用电的制度	（1）方法：讲授法、案例教学法 （2）重点与难点：安全用电	1
		（2）触电的现场救护	1）触电的简单诊断 2）触电的处理方法	（1）方法：讲授法、案例教学法 （2）重点与难点：触电的处理方法	1
	3-7　防火防爆安全知识	（1）防火知识	1）火灾的预防 ①由燃料引起的火灾 ②由电器引起的火灾 2）灭火的措施 ①由燃料引起的火灾 ②由电器引起的火灾	（1）方法：讲授法、案例教学法 （2）重点与难点：火灾的预防	1

续表

模块	课程	学习单元	课程内容	培训建议	课堂学时
3．食品卫生与厨房安全知识	3-7 防火防爆安全知识	（2）防爆知识	1）燃气爆炸的预防	（1）方法：讲授法、案例教学法 （2）重点与难点：燃气爆炸的预防	1
			2）微波炉爆炸的预防		
			3）高压锅爆炸的预防		
	3-8 设备工具的安全使用与保养	（1）设备的安全使用与保养	1）厨房加工设备的安全使用与保养 ①切片机 ②搅拌机 ③绞肉机	（1）方法：讲授法、案例教学法 （2）重点：厨房加工设备的安全使用与保养 （3）难点：厨房加热设备的安全使用与保养	2
			2）厨房加热设备的安全使用与保养 ①炉台 ②蒸烤箱 ③电磁灶		
			3）厨房其他设备的安全使用与保养 ①电热开水器 ②制冰机		
		（2）工具的安全使用与保养	1）刀具的安全使用与保养	（1）方法：讲授法、案例教学法 （2）重点与难点：刀具和菜墩的安全使用与保养	1
			2）菜墩的安全使用与保养		
			3）炒锅的安全使用与保养		

续表

模块	课程	学习单元	课程内容	培训建议	课堂学时
4．饮食营养知识	4-1　食物的消化与吸收	(1) 食物的消化	1）人体消化系统概述 2）口腔内的消化 3）胃内的消化 4）小肠内的消化	(1) 方法：讲授法 (2) 重点：小肠内的食物消化 (3) 难点：各类营养素不同的消化场所	1
		(2) 食物的吸收	1）食物的吸收	(1) 方法：讲授法 (2) 重点与难点：吸收的不同方式	1
		(3) 烹饪与消化的关系	1）烹饪对消化的影响 2）合理烹饪 ①烹饪原料选择与搭配的原则 ②选择合理的烹调方法	(1) 方法：讲授法、案例教学法 (2) 重点与难点：烹饪对消化的不同影响	1
	4-2　人体必需的营养素	(1) 六大营养素	1）蛋白质 2）脂类 3）碳水化合物 4）维生素 5）矿物质 6）水	(1) 方法：讲授法 (2) 重点与难点：各类营养素的生理功能、膳食来源及推荐摄入量	2

续表

模块	课程	学习单元	课程内容	培训建议	课堂学时
4．饮食营养知识	4-3 原料的营养价值	（1）植物性原料营养价值	1）谷类 2）豆类及其制品 3）果蔬类原料	（1）方法：讲授法 （2）重点与难点：各类植物性原料的营养价值	1
		（2）动物性原料营养价值	1）畜禽肉类 2）水产类 3）奶类及其制品 4）蛋类及其制品	（1）方法：讲授法 （2）重点与难点：各类动物性原料的营养价值	1
	4-4 平衡膳食	（1）平衡膳食	1）平衡膳食的概念 2）平衡膳食的要求	（1）方法：讲授法 （2）重点与难点：平衡膳食的具体要求	1
		（2）中国居民膳食指南	1）一般人群膳食指南 2）中国居民平衡膳食宝塔	（1）方法：讲授法 （2）重点与难点：中国居民平衡膳食宝塔	1
5．餐饮业成本核算	5-1 餐饮业成本核算	（1）成本的计算	1）净料成本的计算 2）调味品成本的计算 3）产品成本的计算	（1）方法：讲授法、案例教学法、讨论法 （2）重点与难点：各类成本的计算	1
		（2）毛利率的计算	1）毛利率的计算 2）产品价格的计算	（1）方法：讲授法、案例教学法、讨论法 （2）重点与难点：毛利率的计算	1

续表

模块	课程	学习单元	课程内容	培训建议	课堂学时
6. 相关法律、法规知识	6-1 法律知识	(1) 法律知识	1)《中华人民共和国劳动法》 2)《中华人民共和国食品安全法》 3)《中华人民共和国环境保护法》	(1) 方法：讲授法、案例教学法 (2) 重点与难点：中华人民共和国劳动法	1
	6-2 法规知识	(1) 法规知识	1)《食品生产许可管理办法》 2)《餐饮业和集体用餐配送单位卫生规范》	(1) 方法：讲授法、案例教学法 (2) 重点与难点：食品生产许可管理办法	1
课堂学时合计					40

2.2.2 初级职业技能培训课程规范

模块	课程	学习单元	课程内容	培训建议	课堂学时
1. 岗前准备	1-1 个人、环境及工具准备	(1) 个人、环境及工具准备	1) 个人准备 ①个人卫生 ②工服的穿戴 ③仪容仪表 ④熟悉工作任务 2) 环境准备 ①卫生检查 ②安全检查 ③环境问题 3) 工具准备 ①各岗位工具准备 ②各岗位配套盛具准备	(1) 方法：讲授法、演示法 (2) 重点：工服穿戴、个人仪容仪表 (3) 难点：各岗位工具准备	1

续表

模块	课程	学习单元	课程内容	培训建议	课堂学时
2. 原料初加工	2-1 鲜活原料的初加工	(1) 果蔬类原料的清洗整理加工	1) 果蔬原料初加工的质量要求	(1) 方法：讲授法、演示法 (2) 重点与难点：果蔬原料初加工实例	1
			2) 果蔬原料初加工的方法		
			3) 果蔬原料初加工实例		
		(2) 家禽类原料清洗整理	1) 家禽初加工质量要求	(1) 方法：讲授法、演示法 (2) 重点：家禽开膛方法 (3) 难点：家禽内脏加工	1
			2) 家禽开膛方法 ①腹开 ②背开 ③腋开		
			3) 家禽内脏加工 ①肝 ②心 ③� ④肠 ⑤油脂		
			4) 家禽洗涤 ①除去绒毛、血污 ②洗涤		
		(3) 有鳞鱼类原料清洗整理	1) 有鳞鱼类初加工质量要求	(1) 方法：讲授法、讨论法、演示法 (2) 重点：有鳞鱼类初加工步骤 (3) 难点：开膛去内脏	1
			2) 有鳞鱼类初加工步骤 ①刮鳞 ②去鳃 ③开膛去内脏 ④洗涤		

续表

<table>
<tr><th>模块</th><th>课程</th><th>学习单元</th><th>课程内容</th><th>培训建议</th><th>课堂学时</th></tr>
<tr><td rowspan="7">2. 原料初加工</td><td rowspan="7">2-2　冷冻及加工性原料的初加工</td><td rowspan="2">(1) 冷冻原料的初加工</td><td>1) 冷冻原料的解冻
①自然解冻
②流水解冻
③加温解冻
④微波解冻</td><td rowspan="2">(1) 方法：讲授法、演示法
(2) 重点与难点：冷冻原料的解冻</td><td rowspan="2">1</td></tr>
<tr><td>2) 冷冻原料解冻后的保管</td></tr>
<tr><td rowspan="5">(2) 食用菌类、干菜类等常见的干制植物性原料涨发加工</td><td>1) 干货原料概述</td><td rowspan="5">(1) 方法：讲授法、演示法
(2) 重点：水发的技术要求
(3) 难点：植物性干货的水发实例</td><td rowspan="5">2</td></tr>
<tr><td>2) 水发加工概述</td></tr>
<tr><td>3) 水发的技术要求</td></tr>
<tr><td>4) 水发加工的种类
①冷水发
②热水发</td></tr>
<tr><td>5) 植物性干货水发实例
①木耳
②香菇
③莲子
④白果
⑤笋片、笋干</td></tr>
<tr><td rowspan="4">3. 原料分档与切割</td><td rowspan="4">3-1　原料分割处理</td><td rowspan="4">(1) 分割取料概述</td><td>1) 分割取料的定义</td><td rowspan="4">(1) 方法：讲授法、演示法
(2) 重点：分割取料的作用
(3) 难点：分割取料在烹饪中的运用</td><td rowspan="4">1</td></tr>
<tr><td>2) 分割取料的作用</td></tr>
<tr><td>3) 分割取料的工具</td></tr>
<tr><td>4) 分割取料在烹饪中的运用</td></tr>
</table>

续表

模块	课程	学习单元	课程内容	培训建议	课堂学时
3．原料分档与切割	3-1　原料分割处理	（2）家禽、鱼类的分割、取料	1）家禽原料分割取料 ①家禽原料分割取料的各部位名称及品质特点 ②家禽原料分割取料的方法	（1）方法：讲授法、演示法 （2）重点：家禽原料分割取料的各部位名称及品质特点 （3）难点：家禽、鱼类原料分割取料的方法	2
			2）鱼类原料分割取料 ①鱼类原料分割取料的各部位名称及品质特点 ②鱼类原料分割取料的方法		
	3-2　原料切割成形	（1）刀工基础	1）刀工及刀法	（1）方法：讲授法、演示法 （2）重点：刀工的作用 （3）难点：各种刀法的操作关键	1
			2）各种刀法的操作方法及关键		
		（2）植物性原料切割	1）植物性原料料形的切割规格及技术要求	（1）方法：讲授法、演示法、实训法 （2）重点与难点：植物性原料料形的切割规格及技术要求	4
			2）植物性原料料形在烹饪中的运用		
		（3）动物性原料切割	1）动物性原料料形的切割规格及技术要求	（1）方法：讲授法、演示法、实训法 （2）重点与难点：各种动物性原料料形在烹饪中的运用	4
			2）动物性原料料形在烹饪中的运用		

续表

模块	课程	学习单元	课程内容	培训建议	课堂学时
3．原料分档与切割	3-3 菜肴组配	（1）常见菜肴组配	1）菜肴组配概述 2）菜肴组配的方法 3）典型菜例	（1）方法：讲授法、演示法 （2）重点与难点：菜肴组配的方法	1
		（2）菜肴盛器知识	1）热菜常用盛器的种类 2）热菜盛器选用原则 3）盛器选用实例	（1）方法：讲授法、演示法 （2）重点：热菜常用餐具的种类 （3）难点：热菜常用餐具的维护与保养	1
4．原料预制与预制加工处理	4-1 着衣处理	（1）拍粉与拖蛋液、拍粉	1）预制加工概述 2）着衣概述 ①着衣的定义 ②着衣的作用 ③着衣的种类 3）拍粉 ①拍粉的操作方法 ②粉料的选择 ③拍粉适用的菜肴 4）拖蛋液、拍粉 ①拖蛋液、拍粉的操作方法 ②粉料的选择 ③拖蛋液、拍粉适用的菜肴	（1）方法：讲授法、演示法 （2）重点与难点：拍粉的操作	1

续表

模块	课程	学习单元	课程内容	培训建议	课堂学时
4．原料预制与预制加工处理	4-2 调味处理	（1）调味基础	1）调味概述	（1）方法：讲授法 （2）重点：预制复合调味品的种类 （3）难点：味觉的基础知识	1
			2）味觉的定义（味和味觉）		
			3）单一味和复合味		
			4）味觉的现象		
		（2）动物性原料的腌制处理	1）腌制概述 ①腌制的定义 ②腌制的作用	（1）方法：讲授法 （2）重点与难点：动物性原料腌制的操作	1
			2）动物性原料腌制 ①动物性原料腌制的方法 ②动物性原料腌制的一般原则		
		（3）调制味汁	1）咸鲜味汁 ①味汁特点 ②调味品种类 ③调制方法 ④调制注意事项 ⑤味汁变化 ⑥典型菜例	（1）方法：讲授法、演示法、实训法 （2）重点：三种味汁的调制方法 （3）难点：三种味汁调制的变化	4
			2）咸甜味汁 ①味汁特点 ②调味品种类 ③调制方法 ④调制注意事项 ⑤味汁变化 ⑥典型菜例		
			3）咸香味汁 ①味汁特点 ②调味品种类 ③调制方法 ④调制注意事项 ⑤味汁变化 ⑥典型菜例		

续表

模块	课程	学习单元	课程内容	培训建议	课堂学时
4．原料预制与预制加工处理	4–3　预熟处理	（1）焯水预熟处理	1）冷水锅预熟处理 2）热水锅预熟处理	（1）方法：讲授法 （2）重点：冷水锅、热水锅预熟处理的操作 （3）难点：适合冷水锅、热水锅预熟处理的烹饪原料选择	1
5．菜肴制作	5–1　临灶操作	（1）临灶操作概述	1）临灶操作准备 2）临灶姿势 3）火力的识别和调控 4）油温的掌握	（1）方法：讲授法、演示法 （2）重点：临灶姿势 （3）难点：火力的识别	1
		（2）调味	1）调味的原则 2）调味的时机 ①加热前调味 ②加热中调味 ③加热后调味 3）调味的方法 4）调味的运用	（1）方法：讲授法、演示法 （2）重点：调味的原则 （3）难点：调味的方法	1
		（3）勺功技术	1）握勺 2）晃勺 3）翻勺 4）出勺	（1）方法：讲授法、演示法 （2）重点：翻勺 （3）难点：大翻勺	2
	5–2　热菜制作	（1）以水为传热介质的烹调方法	1）煮 ①煮的概念 ②煮的工艺流程 ③煮的技术关键 ④菜肴实例 2）余 ①余的概念 ②余的工艺流程 ③余的技术关键 ④菜肴实例	（1）方法：讲授法、演示法 （2）重点：不同烹调方法 （3）难点：代表菜例的掌握	6

续表

<table>
<tr><th>模块</th><th>课程</th><th>学习单元</th><th>课程内容</th><th>培训建议</th><th>课堂学时</th></tr>
<tr><td rowspan="6">5．菜肴制作</td><td rowspan="4">5-2　热菜制作</td><td>（1）以水为传热介质的烹调方法</td><td>3）烧
①烧的概念
②烧的工艺流程
③烧的技术关键
④菜肴实例</td><td></td><td></td></tr>
<tr><td rowspan="2">（2）以油为传热介质的烹调方法</td><td>1）炸
①炸的概念
②炸的工艺流程
③炸的技术关键
④菜肴实例</td><td rowspan="2">（1）方法：讲授法、演示法
（2）重点：不同烹调方法
（3）难点：代表菜例的掌握</td><td rowspan="2">8</td></tr>
<tr><td>2）炒
①炒的概念
②炒的工艺流程
③炒的技术关键
④菜肴实例</td></tr>
<tr><td>（3）以汽为传热介质的烹调方法</td><td>1）蒸
①蒸的概念
②蒸的工艺流程
③蒸的技术关键
④菜肴实例</td><td>（1）方法：讲授法、演示法
（2）重点：蒸的技术关键
（3）难点：蒸的火候</td><td>2</td></tr>
<tr><td rowspan="2">5-3　冷菜制作</td><td rowspan="2">（1）冷制冷食菜肴的制作</td><td>1）拌
①拌的概念
②拌的工艺流程
③拌的技术关键
④拌的菜肴实例</td><td rowspan="2">（1）方法：讲授法、演示法
（2）重点：不同烹调方法
（3）难点：代表菜例的掌握</td><td rowspan="2">3</td></tr>
<tr><td>2）炝
①炝的概念
②炝的工艺流程
③炝的技术关键
④菜肴实例</td></tr>
</table>

续表

模块	课程	学习单元	课程内容	培训建议	课堂学时
5．菜肴制作	5-3 冷菜制作	（1）冷制冷食菜肴的制作	3）腌 ①腌的概念 ②腌的工艺流程 ③腌的技术关键 ④菜肴实例		
		（2）单一主料冷菜的拼摆及成形	1）拼摆宝塔形冷菜	（1）方法：讲授法、演示法 （2）重点：拼摆的手法 （3）难点：刀工成形	4
			2）拼摆馒头形冷菜		
课堂学时合计					56

2.2.3 中级职业技能培训课程规范

模块	课程	学习单元	课程内容	培训建议	课堂学时
1．原料初加工	1-1 鲜活原料的初加工	（1）动物性鲜活原料品质鉴别	1）动物性鲜活原料的品质鉴别 ①家畜原料的品质鉴别 ②家禽原料的品质鉴别 ③水产品原料的品质鉴别	（1）方法：讲授法、演示法、讨论法 （2）重点与难点：动物性鲜活原料的品质鉴别	1
		（2）家畜类的头、蹄、尾部及内脏原料清洗整理	1）家畜类原料清理加工技术要求	（1）方法：讲授法、演示法、讨论法 （2）重点与难点：家畜类的头、蹄、尾及内脏原料的初加工	1
			2）家畜初加工的常用方法		
			3）家畜类的头、蹄、尾部加工 ①猪头 ②猪蹄 ③猪尾		

续表

模块	课程	学习单元	课程内容	培训建议	课堂学时
1．原料初加工	1-1　鲜活原料的初加工	（2）家畜类的头、蹄、尾部及内脏原料清洗整理	4）家畜内脏原料初加工 ①猪腰 ②猪肠 ③猪肚 ④猪肺 ⑤猪舌 ⑥猪脑		
		（3）无鳞鱼类原料清洗整理	1）无鳞鱼类原料初加工技术要求	（1）方法：讲授法、讨论法、演示法 （2）重点：无鳞鱼类原料初加工步骤 （3）难点：黄鳝的初步加工	2
			2）无鳞鱼类原料初加工步骤		
			3）无鳞鱼类原料的加工实例 ①黄鳝的初加工 ②鳝片、鳝丝的加工		
	1-2　加工性原料的初加工	（1）加工性原料的品质鉴别	1）腌制类原料的品质鉴别	（1）方法：讲授法、演示法、讨论法 （2）重点：干制类原料的品质鉴别 （3）难点：加工性原料的品质鉴别	1
			2）酱制类原料的品质鉴别		
			3）熏制类原料的品质鉴别		
			4）干制类原料的品质鉴别		
		（2）蹄筋、肉皮等干料涨发加工	1）油发加工的概念	（1）方法：讲授法、演示法、讨论法 （2）重点与难点：动物性干制原料的油发	1
			2）油发的技术要求		
			3）动物性干制原料的油发 ①蹄筋的油发 ②肉皮的油发		

续表

模块	课程	学习单元	课程内容	培训建议	课堂学时
2．原料分档与切割	2-1　原料分割	（1）家畜类原料的分割、取料	1）家畜原料分割取料的要求 2）家畜原料分割取料的各部位名称及品质特点 3）家畜原料分割取料的方法	（1）方法：讲授法 （2）重点：家畜原料分割取料的各部位名称及品质特点 （3）难点：家畜原料分割取料的方法	1
		（2）无鳞鱼类原料的分割、取料	1）鳝鱼的分割、取料 2）鲶鱼的分割、取料 3）鳗鱼的分割、取料	（1）方法：讲授法 （2）重点与难点：鳝鱼的分割、取料	1
	2-2　原料切割成形	（1）剞刀工艺	1）剞刀法概述 2）剞刀法的操作关键 3）剞刀法实例 ①植物性原料 ②动物性原料	（1）方法：讲授法、演示法、实训法 （2）重点：各种剞刀法的成形规格标准 （3）难点：各种剞刀法的操作关键	2
		（2）食品雕刻工艺	1）食品雕刻概述 2）食品雕刻的操作关键 3）食品雕刻实例 ①月季花 ②菊花 ③白莲花	（1）方法：讲授法、演示法、实训法 （2）重点：各种常见花形的成形规格标准 （3）难点：雕刻各种基础花形的操作关键	4
	2-3　菜肴组配	（1）多种原料菜肴组配	1）多种原料菜肴组配的特点 2）原料质地、色彩、形态的组配要求 3）多种原料菜肴组配的方法 4）典型菜例	（1）方法：讲授法 （2）重点：原料质地、色彩、形态的组配要求 （3）难点：多种原料菜肴组配的方法	1

续表

模块	课程	学习单元	课程内容	培训建议	课堂学时
2．原料分档与切割	2-3 菜肴组配	(2) 基础花式菜肴组配	1) 基础花式菜肴的组配原则 2) 花式菜肴的组配手法 ①排 ②扣 ③贴	(1) 方法：讲授法 (2) 重点：花式菜肴的组配原则 (3) 难点：花式菜肴的组配手法	1
3．原料预制与预制加工处理	3-1 着衣处理	(1) 浆、糊的调制	1) 上浆、挂糊概述 ①上浆、挂糊的定义 ②上浆、挂糊的作用 ③上浆、挂糊的注意事项 2) 浆的种类 ①水粉浆 ②蛋清浆 3) 糊的种类 ①全蛋糊 ②蛋黄糊 ③蛋清糊 ④脆浆糊	(1) 方法：讲授法 (2) 重点：水粉浆、全蛋糊的调制 (3) 难点：水粉浆的上浆、全蛋糊挂糊干稀厚薄的鉴别	2
	3-2 调味、调色处理	(1) 调味	1) 酸甜味汁 ①味汁特点 ②调味品种类 ③调制方法 ④调制注意事项 ⑤味汁变化 ⑥典型菜例 2) 麻辣味汁 ①味汁特点 ②调味品种类 ③调制方法 ④调制注意事项 ⑤味汁变化 ⑥典型菜例	(1) 方法：讲授法、演示法、实训法 (2) 重点：五种味汁的调制 (3) 难点：五种味汁调制的变化	6

续表

模块	课程	学习单元	课程内容	培训建议	课堂学时
3．原料预制与预制加工处理	3–2 调味、调色处理	（1）调味	3）鱼香味汁 ①味汁特点 ②调味品种类 ③调制方法 ④调制注意事项 ⑤味汁变化 ⑥典型菜例		
			4）酸辣味汁 ①味汁特点 ②调味品种类 ③调制方法 ④调制注意事项 ⑤味汁变化 ⑥典型菜例		
		（2）调色	1）调色概述	（1）方法：讲授法 （2）重点与难点：酱油的调色	1
			2）调料调色 ①用酱油调色 ②用糖调色 ③用咖喱调色 ④用番茄酱调色 ⑤用辣椒酱调色		
	3–3 预熟处理	（1）过油预熟处理	1）过油预熟处理概述	（1）方法：讲授法 （2）重点与难点：滑油与走油的操作要领	1
			2）过油的种类 ①滑油 ②走油		
		（2）走红预熟处理	1）走红预熟处理概述	（1）方法：讲授法 （2）重点与难点：过油走红与卤汁走红的操作要领	1
			2）走红的种类 ①过油走红 ②卤汁走红		
		（3）制汤	1）制汤概述 ①制汤的定义 ②汤的作用 ③汤的种类	（1）方法：讲授法 （2）重点与难点：基础汤制作方法	1
			2）制作基础汤		

续表

模块	课程	学习单元	课程内容	培训建议	课堂学时
4．菜肴制作	4-1 临灶操作	（1）火候概述	1）火候的概念	（1）方法：讲授法、演示法 （2）重点：火候的要素 （3）难点：火力调控	1
			2）火候的要素		
			3）火候的运用		
		（2）勾芡技术	1）勾芡的作用	（1）方法：讲授法、演示法 （2）重点：勾芡的方法 （3）难点：勾芡的技术关键	1
			2）勾芡的方法 ①兑汁芡 ②跑马芡		
			3）勾芡的技术要求		
	4-2 热菜制作	（1）以水为传热介质的烹调方法	1）烩 ①烩的概念 ②烩的类型 ③烩的工艺流程 ④烩的技术关键 ⑤菜肴实例	（1）方法：讲授法、演示法 （2）重点：不同烹调方法 （3）难点：代表菜例的掌握	6
			2）焖 ①焖的概念 ②焖的类型 ③焖的工艺流程 ④焖的技术关键 ⑤菜肴实例		
			3）涮 ①涮的概念 ②涮的工艺流程 ③涮的技术关键 ④菜肴实例		
		（2）以油为传热介质的烹调方法	1）熘 ①熘的概念 ②熘的类型 ③熘的工艺流程 ④熘的技术关键 ⑤菜肴实例	（1）方法：讲授法、演示法 （2）重点：不同烹调方法 （3）难点：代表菜例的掌握	6

续表

模块	课程	学习单元	课程内容	培训建议	课堂学时
4．菜肴制作	4-2 热菜制作	（2）以油为传热介质的烹调方法	2）爆 ①爆的概念 ②爆的类型 ③爆的工艺流程 ④爆的技术关键 ⑤菜肴实例		
			3）煎 ①煎的概念 ②煎的工艺流程 ③煎的技术关键 ④煎的成菜特点 ⑤菜肴实例		
			4）炒 ①炒的概念 ②炒的类型 ③炒的工艺流程 ④炒的技术关键 ⑤菜肴实例		
		（3）以汽为传热介质的烹调方法	1）蒸 ①蒸的概念 ②蒸的类型 ③蒸的工艺流程 ④蒸的技术关键 ⑤菜肴实例	（1）方法：讲授法、演示法 （2）重点：蒸的类型 （3）难点：蒸的火候	2
	4-3 冷菜制作	（1）热制冷食菜肴的制作	1）酱 ①酱的概念 ②酱的工艺流程 ③酱的技术关键 ④菜肴实例	（1）方法：讲授法、演示法 （2）重点：不同烹调方法 （3）难点：代表菜例的掌握	6
			2）卤 ①卤的概念 ②卤的工艺流程 ③卤的技术关键 ④菜肴实例		

续表

模块	课程	学习单元	课程内容	培训建议	课堂学时
4．菜肴制作	4–3 冷菜制作	(2) 拼盘的制作	1）拼盘概述 2）拼盘的技术关键 3）拼盘的制作 ①双拼的制作 ②三拼的制作 ③什锦拼盘的制作	(1) 方法：讲授法、演示法 (2) 重点：拼摆的手法 (3) 难点：刀工成形	6
课堂学时合计					56

2.2.4 高级职业技能培训课程规范

模块	课程	学习单元	课程内容	培训建议	课堂学时
1．原料初加工	1–1 鲜活原料的初加工	(1) 贝类、爬行类、软体类原料清洗整理	1）贝类、爬行类、软体类原料加工技术要求 2）贝类原料的加工 ①江珧的加工 ②扇贝的加工 ③牡蛎的加工 ④河蚌的加工 3）爬行类原料的加工 ①甲鱼的加工 ②乌龟的加工 4）软体类原料的加工 ①乌贼的加工 ②鱿鱼的加工 ③鲍鱼的加工 ④海螺的加工 ⑤田螺的加工	(1) 方法：讲授法、演示法、讨论法 (2) 重点：贝类原料、软体类原料的加工 (3) 难点：爬行类原料的加工	2

续表

模块	课程	学习单元	课程内容	培训建议	课堂学时
1. 原料初加工	1-1 鲜活原料的初加工	(2) 虾蟹类原料清洗整理	1) 虾、蟹类原料的加工技术要求	(1) 方法：讲授法、讨论法、演示法、 (2) 重点：虾、蟹类原料的加工技术要求 (3) 难点：虾、蟹类原料的加工	1
			2) 虾类原料的加工 ①龙虾的加工 ②对虾的加工		
			3) 蟹类原料的加工 ①梭子蟹的加工 ②青蟹的加工		
	1-2 加工性原料的初加工	(1) 干制鱿鱼、墨鱼等涨发加工	1) 碱发的概念	(1) 方法：讲授法、讨论法、演示法 (2) 重点与难点：干制鱿鱼、墨鱼涨发加工	1
			2) 碱发的原理		
			3) 动物性原料的碱发方法及技术要求		
			4) 干制鱿鱼、墨鱼的涨发加工		
		(2) 干制鱼肚、干贝等涨发加工	1) 鱼肚涨发的技术要求	(1) 方法：讲授法、讨论法、演示法 (2) 重点与难点：鱼肚的涨发	1
			2) 鱼肚的涨发		
			3) 干贝涨发的技术要求		
			4) 干贝的涨发		
2. 原料分档与切割	2-1 原料分割	(1) 整料脱骨	1) 整料脱骨概述 ①整料脱骨的原料选择 ②整料脱骨原料在烹饪中的运用	(1) 方法：讲授法、案例教学法 (2) 重点：整料脱骨加工的操作关键 (3) 难点：整型脱骨原料在烹饪中的运用	1
			2) 整料脱骨加工的操作关键		
			3) 典型实例 ①整鸡（鸭）的脱骨处理 ②整鱼的脱骨处理		

续表

模块	课程	学习单元	课程内容	培训建议	课堂学时
2．原料分档与切割	2-2 原料切割成形	（1）茸、泥加工	1）茸、泥加工概述 ①茸、泥加工的原料选择 ②茸、泥状原料在烹饪中的运用 2）茸、泥加工的要求及方法 3）典型实例 ①茸的加工 ②泥的加工	（1）方法：讲授法、案例教学法 （2）重点：茸、泥加工的基本要求与方法 （3）难点：茸、泥状原料在烹饪中的运用	1
		（2）整形雕刻工艺	1）整形雕刻概述 ①原料的选择 ②造型构思 ③成形手法 2）典型实例 ①仙鹤 ②绶带鸟 ③螳螂 ④金鱼 ⑤虾	（1）方法：讲授法、演示法 （2）重点：雕刻的造型构图设计 （3）难点：常见整形雕刻的成形方法	2
	2-3 菜肴组配	（1）花式菜肴组配	1）花式菜肴组配的原则 2）花式菜肴组配手法 包、卷、扎、夹、酿、穿、塑	（1）方法：讲授法、演示法 （2）重点：各种花式菜肴成形手法的操作关键 （3）难点：各种花式菜肴成形手法在烹饪中的运用	2
3．原料预制与预制加工处理	3-1 制汤	（1）清汤、奶汤、浓汤的制作	1）清汤 ①清汤的特点 ②清汤的原料选择与配方 ③清汤的制作方法 ④制作清汤的注意事项 ⑤清汤的适用范围	（1）方法：讲授法、演示法 （2）重点：清汤、奶汤原料的选择 （3）难点：清汤制作	4

续表

<table>
<tr><th>模块</th><th>课程</th><th>学习单元</th><th>课程内容</th><th>培训建议</th><th>课堂学时</th></tr>
<tr><td rowspan="5">3．原料预制与预制加工处理</td><td rowspan="2">3-1　制汤</td><td rowspan="2">（1）清汤、奶汤、浓汤的制作</td><td>2）奶汤
①奶汤的特点
②奶汤的原料选择与配方
③奶汤的制作方法
④制作奶汤的注意事项
⑤奶汤的适用范围</td><td rowspan="2"></td><td rowspan="2"></td></tr>
<tr><td>3）浓汤
①浓汤的特点
②浓汤的原料选择与配方
③浓汤的制作方法
④制作浓汤的注意事项
⑤浓汤的适用范围</td></tr>
<tr><td rowspan="3">3-2　制冻</td><td rowspan="3">（1）琼脂冻、鱼胶、皮冻的制作</td><td>1）制冻概述
①制冻的定义
②制冻的种类</td><td rowspan="3">（1）方法：讲授法
（2）重点：琼脂冻的制作
（3）难点：皮冻的制作</td><td rowspan="3">1</td></tr>
<tr><td>2）琼脂冻
①琼脂冻的特点
②琼脂冻的制作
③制作琼脂冻的注意事项
④菜肴实例</td></tr>
<tr><td>3）鱼胶冻
①鱼胶的特点
②鱼胶的制作
③制作鱼胶的注意事项
④菜肴实例</td></tr>
</table>

续表

模块	课程	学习单元	课程内容	培训建议	课堂学时
3．原料预制与预制加工处理	3-2　制冻	（1）琼脂冻、鱼胶、皮冻的制作	4）皮冻 ①皮冻的特点 ②皮冻的制作 ③制作皮冻的注意事项 ④菜肴实例		
	3-3　制茸胶	（1）鱼类茸胶、虾类茸胶、鸡类茸胶的制作	1）茸胶概述 ①茸胶的定义 ②茸胶的种类	（1）方法：讲授法、演示法 （2）重点与难点：鸡类茸胶的制作	2
			2）鱼类茸胶 ①鱼类茸胶的特点 ②鱼类茸胶的制作 ③制作鱼类茸胶的注意事项 ④菜肴实例		
			3）虾类茸胶 ①虾类茸胶的特点 ②虾类茸胶的制作 ③制作虾类茸胶的注意事项 ④菜肴实例		
			4）鸡类茸胶 ①鸡类茸胶的特点 ②鸡类茸胶的制作 ③制作鸡类茸胶的注意事项 ④菜肴实例		

续表

模块	课程	学习单元	课程内容	培训建议	课堂学时
4．菜肴制作	4–1 热菜制作	（1）以水为传热介质的烹调方法	1）拔丝 ①拔丝的概念 ②拔丝的工艺流程 ③拔丝的技术关键 ④菜肴实例	（1）方法：讲授法、演示法 （2）重点：不同烹调方法 （3）难点：代表菜例的掌握	10
			2）蜜汁 ①蜜汁的概念 ②蜜汁的工艺流程 ③蜜汁的技术关键 ④菜肴实例		
			3）扒 ①扒的概念 ②扒的类型 ③扒的工艺流程 ④扒的技术关键 ⑤菜肴实例		
			4）煨 ①煨的概念 ②煨的工艺流程 ③煨的技术关键 ④菜肴实例		
			5）炖 ①炖的概念 ②炖的工艺流程 ③炖的技术关键 ④菜肴实例		
			6）贴 ①贴的概念 ②贴的工艺流程 ③贴的技术关键 ④菜肴实例		

续表

模块	课程	学习单元	课程内容	培训建议	课堂学时
4. 菜肴制作	4-1 热菜制作	(1) 以水为传热介质的烹调方法	7) 塌 ①塌的概念 ②塌的工艺流程 ③塌的技术关键 ④菜肴实例		
		(2) 以油为传热介质的烹调方法	1) 熘 ①熘的概念 ②熘的类型 ③熘的工艺流程 ④熘的技术关键 ⑤菜肴实例	(1) 方法：讲授法、演示法 (2) 重点：不同烹调方法 (3) 难点：代表菜例的掌握	6
			2) 爆 ①爆的概念 ②爆的类型 ③爆的工艺流程 ④爆的技术关键 ⑤菜肴实例		
			3) 炒 ①炒的概念 ②炒的类型 ③炒的工艺流程 ④炒的技术关键 ⑤菜肴实例		
		(3) 以汽为传热介质的烹调方法	1) 烤 ①烤的概念 ②烤的类型 ③烤的工艺流程 ④烤的技术关键 ⑤菜肴实例	(1) 方法：讲授法、演示法 (2) 重点：不同烹调方法 (3) 难点：代表菜例的掌握	2
			2) 焗 ①焗的概念 ②焗的工艺流程 ③焗的技术关键 ④菜肴实例		

续表

<table>
<tr><th>模块</th><th>课程</th><th>学习单元</th><th>课程内容</th><th>培训建议</th><th>课堂学时</th></tr>
<tr><td rowspan="5">4．菜肴制作</td><td rowspan="5">4-2　冷菜制作</td><td rowspan="3">（1）一般冷菜制作</td><td>1）挂霜
①挂霜的概念
②挂霜的工艺流程
③挂霜的技术关键
④菜肴实例</td><td rowspan="3">（1）方法：讲授法、演示法
（2）重点：不同烹调方法
（3）难点：代表菜例的掌握</td><td rowspan="3">4</td></tr>
<tr><td>2）琉璃
①琉璃的概念
②琉璃的工艺流程
③琉璃的技术关键
④菜肴实例</td></tr>
<tr><td>3）糟
①糟的概念
②糟的工艺流程
③糟的技术关键
④菜肴实例</td></tr>
<tr><td rowspan="2">（2）象形冷菜的拼摆</td><td>1）象形冷菜拼摆概述</td><td rowspan="2">（1）方法：讲授法、演示法
（2）重点：拼摆的手法
（3）难点：刀工成形</td><td rowspan="2">8</td></tr>
<tr><td>2）象形冷菜的拼摆实例
①拼摆彩蝶双飞
②拼摆鸟语花香
③拼摆荷塘月色
④拼摆金鸡报晓
⑤拼摆雄鹰展翅</td></tr>
<tr><td colspan="5">课堂学时合计</td><td>48</td></tr>
</table>

2.2.5 技师职业技能培训课程规范

模块	课程	学习单元	课程内容	培训建议	课堂学时
1．原料鉴别与加工	1-1 原料鉴别	（1）特色干制动物性原料的品质鉴别	1）特色干制动物性原料的种类 ①动物性海味干料 ②动物性陆生干料	（1）方法：讲授法、讨论法、演示法 （2）重点与难点：特色干制动物性原料的品质鉴别及保管方法	2
			2）特色干制动物性原料的特征		
			3）特色干制动物性原料的品质鉴别及保管 ①鲍鱼的品质鉴别及保管 ②海参的品质鉴别及保管 ③鱼皮的品质鉴别及保管 ④哈士蟆油的品质鉴别及保管 ⑤鱼肚的品质鉴别及保管		
	1-2 加工性原料的初加工	（1）特色干制动物性原料涨发加工	1）特色干制动物性原料涨发的技术要求	（1）方法：讲授法、讨论法、演示法 （2）重点与难点：特色干制动物性原料涨发的技术要求及涨发	9
			2）鲍鱼的涨发 ①大连鲍 ②网鲍 ③南非鲍		
			3）海参的涨发 ①辽参的涨发 ②婆参的涨发 ③梅花参的涨发		

续表

<table>
<tr><th>模块</th><th>课程</th><th>学习单元</th><th>课程内容</th><th>培训建议</th><th>课堂学时</th></tr>
<tr><td rowspan="3">1．原料鉴别与加工</td><td rowspan="3">1-2　加工性原料的初加工</td><td rowspan="3">（1）特色干制动物性原料涨发加工</td><td>4）鱼皮的涨发</td><td rowspan="3"></td><td rowspan="3"></td></tr>
<tr><td>5）哈士蟆油的涨发</td></tr>
<tr><td>6）鱼肚的涨发</td></tr>
<tr><td rowspan="8">2．菜单设计</td><td rowspan="8">2-1　零点菜单设计</td><td rowspan="3">（1）零点菜单的结构及作用</td><td>1）概述
①零点概述
②零点菜单概述</td><td rowspan="3">（1）方法：讲授法、案例教学法、讨论法
（2）重点与难点：零点的特点及零点菜单的特点</td><td rowspan="3">2</td></tr>
<tr><td>2）零点菜单的结构
①早餐零点菜单结构
②正餐零点菜单结构</td></tr>
<tr><td>3）零点菜单的作用</td></tr>
<tr><td rowspan="5">（2）零点菜单设计的原则及方法</td><td>1）零点菜单设计的原则</td><td rowspan="5">（1）方法：讲授法、案例教学法、讨论法
（2）重点：零点菜单设计的原则
（3）难点：不同企业综合资源情况下的零点菜单设计方法</td><td rowspan="5">2</td></tr>
<tr><td>2）零点菜单品种结构与比例的确定方法</td></tr>
<tr><td>3）零点菜单制定的基本步骤</td></tr>
<tr><td>4）零点菜单的设计
①不同企业定位的零点菜单设计
②不同经营特点的零点菜单设计
③不同企业综合资源的零点菜单设计</td></tr>
<tr><td>5）零点菜单制作实例和分析</td></tr>
</table>

续表

模块	课程	学习单元	课程内容	培训建议	课堂学时
2．菜单设计	2–2 宴会菜单设计	（1）宴会的类型及发展	1）概述 ①宴会定义 ②宴会特征	（1）方法：讲授法、案例教学法、讨论法 （2）重点与难点：宴会的特征及类型	2
			2）宴会类型		
			3）宴会发展 ①宴会的发展历史 ②宴会的改革创新		
		（2）宴会菜单的结构及作用	1）宴会菜单作用	（1）方法：讲授法、案例教学法、讨论法 （2）重点与难点：中式宴会菜单结构及宴会菜单作用	4
			2）宴会菜单的类别 ①一般宴会 ②高档宴会		
			3）中式宴会菜单结构 ①冷菜 ②热菜 ③面点 ④水果 ⑤酒水		
			4）主题宴会设计类型		
		（3）宴会菜单设计的原则和方法	1）宴会菜单设计的指导思想	（1）方法：讲授法、案例教学法、讨论法 （2）重点与难点：宴会菜单菜肴设计	6
			2）宴会菜单设计的原则		
			3）宴会菜单设计的方法 ①宴会菜单设计前的调查研究 ②宴会菜单菜肴设计 ③宴会菜单设计的检查		

续表

<table>
<tr><th>模块</th><th>课程</th><th>学习单元</th><th>课程内容</th><th>培训建议</th><th>课堂学时</th></tr>
<tr><td>2．菜单设计</td><td>2-2 宴会菜单设计</td><td>（3）宴会菜单设计的原则和方法</td><td>4）宴会菜单设计实例
①主题宴会菜单设计
②特色宴会菜单设计</td><td></td><td></td></tr>
<tr><td rowspan="8">3．菜肴制作与装饰</td><td rowspan="8">3-1 热菜烹制</td><td rowspan="2">（1）菜系概述</td><td>1）菜系形成的因素</td><td rowspan="2">（1）方法：讲授法
（2）重点：菜系的概念
（3）难点：菜系形成的条件</td><td rowspan="2">1</td></tr>
<tr><td>2）国内主要菜系</td></tr>
<tr><td rowspan="2">（2）鲁菜特色菜肴的制作</td><td>1）鲁菜的风味特色</td><td rowspan="2">（1）方法：讲授法、演示法
（2）重点：特色菜肴的工艺流程
（3）难点：特色菜肴的技术关键</td><td rowspan="2">1</td></tr>
<tr><td>2）经典特色菜肴制作
①葱烧海参
②油爆乌鱼花
③糖醋黄河鲤鱼
④拔丝珍珠苹果</td></tr>
<tr><td rowspan="2">（3）川菜特色菜肴的制作</td><td>1）川菜的风味特色</td><td rowspan="2">（1）方法：讲授法、演示法
（2）重点：特色菜肴的工艺流程
（3）难点：特色菜肴的技术关键</td><td rowspan="2">1</td></tr>
<tr><td>2）经典特色菜肴制作
①鱼香肉丝
②麻婆豆腐
③宫保鸡丁
④水煮牛肉</td></tr>
<tr><td rowspan="2">（4）粤菜特色菜肴的制作</td><td>1）粤菜的风味特色</td><td rowspan="2">（1）方法：讲授法、演示法
（2）重点：特色菜肴的工艺流程
（3）难点：特色菜肴的技术关键</td><td rowspan="2">1</td></tr>
<tr><td>2）经典特色菜肴制作
①椒盐焗虾
②清蒸鳜鱼
③金华玉树鸡
④菠萝咕噜肉</td></tr>
</table>

续表

模块	课程	学习单元	课程内容	培训建议	课堂学时
3．菜肴制作与装饰	3-1 热菜烹制	（5）苏菜特色菜肴的制作	1）苏菜的风味特色 2）经典特色菜肴制作 ①蟹粉狮子头 ②大煮干丝 ③松鼠鳜鱼 ④三套鸭	（1）方法：讲授法、演示法 （2）重点：特色菜肴的工艺流程 （3）难点：特色菜肴的技术关键	1
		（6）其他特色菜肴的制作	1）浙江菜 ①西湖醋鱼 2）福建菜 ①佛跳墙 3）湖南菜 ①东安仔鸡 4）安徽菜 ①腌鲜鳜鱼	（1）方法：讲授法、演示法 （2）重点：特色菜肴的工艺流程 （3）难点：特色菜肴的技术关键	4
	3-2 冷菜烹制	（1）各客冷拼的拼摆	1）各客冷拼图案的设计 2）各客冷拼的原料选择 3）各客冷拼拼摆实例	（1）方法：讲授法、演示法 （2）重点：拼摆的手法 （3）难点：刀工成形	4
	3-3 餐盘装饰	（1）各客冷拼的美化	1）用果蔬类原料美化 2）用果酱类美化 3）用糖艺美化	（1）方法：讲授法、演示法 （2）重点：美化原料的选择 （3）难点：美化原则	2
		（2）餐盘装饰	1）餐盘装饰的概念、特点及原则 2）餐盘装饰原料的选用 3）餐盘装饰的方法 ①全围式装饰 ②半围式装饰 ③对称式装饰 ④中心式装饰 ⑤覆盖式装饰	（1）方法：讲授法、演示法 （2）重点：装饰的原则 （3）难点：装饰的方法	2

续表

模块	课程	学习单元	课程内容	培训建议	课堂学时
4．厨房管理	4–1 成本管理	（1）厨房管理和成本管理概述	1）厨房管理概述 ①厨房管理的定义 ②厨房管理的内容 ③厨房管理的作用	（1）方法：讲授法、案例教学法、讨论法 （2）重点：厨房管理的内容和作用 （3）难点：成本管理的内容和作用	1
			2）成本管理概述 ①成本管理的定义 ②成本管理的内容 ③成本管理的作用		
		（2）厨房产品成本控制	1）厨房加工过程的控制	（1）方法：讲授法、案例教学法、讨论法 （2）重点：厨房配制过程的控制措施 （3）难点：厨房烹调过程的控制措施	1
			2）厨房配制过程的控制		
			3）厨房烹调过程的控制		
		（3）厨房成本核算报表	1）厨房成本核算日报表的填写	（1）方法：讲授法、案例教学法、讨论法 （2）重点：能填写厨房成本核算日报表 （3）难点：能填写厨房成本核算月报表	1
			2）厨房成本核算月报表的填写		
		（4）编制控制成本的方案	1）编制成本预算控制的方案	（1）方法：讲授法、讨论法 （2）重点：能编制成本预算控制的方案 （3）难点：能编制厨房生产成本控制方案	1
			2）编制厨房生产成本控制方案		

续表

<table>
<tr><th>模块</th><th>课程</th><th>学习单元</th><th>课程内容</th><th>培训建议</th><th>课堂学时</th></tr>
<tr><td rowspan="10">4. 厨房管理</td><td rowspan="10">4-2　厨房生产管理</td><td rowspan="4">（1）厨房生产各阶段的管理细则</td><td>1）厨房生产管理概述
①厨房生产管理的定义
②厨房生产管理的内容
③厨房生产管理的作用</td><td rowspan="4">（1）方法：讲授法、案例教学法、讨论法
（2）重点：制定配制阶段的管理细则
（3）难点：制定厨房烹调阶段的管理细则</td><td rowspan="4">1</td></tr>
<tr><td>2）厨房加工阶段的管理细则</td></tr>
<tr><td>3）厨房配制阶段的管理细则</td></tr>
<tr><td>4）厨房烹调阶段的管理细则</td></tr>
<tr><td rowspan="3">（2）制定标准食谱</td><td>1）标准食谱概述
①标准食谱的定义
②标准食谱的内容</td><td rowspan="3">（1）方法：讲授法、案例教学法、讨论法
（2）重点：制定标准食谱
（3）难点：标准食谱的管理</td><td rowspan="3">1</td></tr>
<tr><td>2）制定标准食谱</td></tr>
<tr><td>3）标准食谱的管理</td></tr>
<tr><td rowspan="3">（3）控制厨房出品秩序</td><td>1）厨房加工过程的出品秩序</td><td rowspan="3">（1）方法：讲授法、讨论法
（2）重点：厨房配制过程的出品秩序
（3）难点：厨房烹调过程的出品秩序</td><td rowspan="3">1</td></tr>
<tr><td>2）厨房配制过程的出品秩序</td></tr>
<tr><td>3）厨房烹调过程的出品秩序</td></tr>
</table>

续表

<table>
<tr><th>模块</th><th>课程</th><th>学习单元</th><th>课程内容</th><th>培训建议</th><th>课堂学时</th></tr>
<tr><td rowspan="9">5. 培训指导</td><td rowspan="7">5-1 专业培训</td><td rowspan="3">（1）编写培训计划</td><td>1）培训计划的内容</td><td rowspan="3">（1）方法：讲授法、案例教学法
（2）重点与难点：培训计划的编写</td><td rowspan="3">1</td></tr>
<tr><td>2）培训计划的编制程序</td></tr>
<tr><td>3）培训计划的编写</td></tr>
<tr><td rowspan="2">（2）编写培训教案</td><td>1）培训教案的编写程序</td><td rowspan="2">（1）方法：讲授法、案例教学法
（2）重点与难点：培训教案的编写要求</td><td rowspan="2">1</td></tr>
<tr><td>2）培训教案的编写要求</td></tr>
<tr><td rowspan="2">（3）实施培训教学</td><td>1）教学语言的运用</td><td rowspan="2">（1）方法：讲授法、案例教学法
（2）重点与难点：课堂教学过程组织</td><td rowspan="2">1</td></tr>
<tr><td>2）课堂教学过程组织</td></tr>
<tr><td rowspan="2">5-2 技能指导</td><td rowspan="2">（1）技能指导的组织和评定</td><td>1）技能指导概述

2）技能指导的组织程序
①技能指导前准备（场地、工具设备、烹饪原料等）
②实习指导教师讲解示范练习结合，现场操作、巡回指导纠正
③技能考核评价</td><td rowspan="2">（1）方法：讲授法、案例教学法
（2）重点：技能指导的组织程序
（3）难点：技能指导的效果评定</td><td rowspan="2">2</td></tr>
<tr><td>3）技能指导的效果评定
①技能水平测试
②知识水平测试
③态度、礼仪测试
④综合评定</td></tr>
<tr><td colspan="5">课堂学时合计</td><td>56</td></tr>
</table>

2.2.6 高级技师职业技能培训课程规范

模块	课程	学习单元	课程内容	培训建议	课堂学时
1．宴会主理	1-1 宴会菜肴的组织	（1）宴会菜肴制作	1）宴会菜肴制作的特点 2）宴会菜肴的生产过程 ①制订生产计划 ②烹饪原料准备 ③辅助加工阶段 ④基本加工阶段 ⑤烹饪与装盘加工阶段 ⑥菜肴成品输出阶段 3）宴会菜肴生产设计的要求	（1）方法：讲授法、案例教学法、讨论法 （2）重点与难点：宴会菜肴制作生产过程	1
		（2）宴会菜肴制作实施方案的编制	1）宴会菜肴生产工艺设计的方法 2）宴会菜肴生产实施方案编制的内容 ①宴会菜肴生产工艺设计书 ②宴会菜肴用料单 ③原材料订购计划单 ④宴会生产分工与完成时间计划 ⑤生产设备与餐具使用计划 ⑥影响宴会生产的因素与处理预案	（1）方法：讲授法、案例教学法、讨论法 （2）重点与难点：宴会菜肴生产实施方案编制的内容	4

续表

模块	课程	学习单元	课程内容	培训建议	课堂学时
1．宴会主理	1-1　宴会菜肴的组织	(2) 宴会菜肴制作实施方案的编制	3）宴会菜肴生产实施方案的编制步骤		
			4）宴会菜肴生产的组织实施步骤		
	1-2　宴会服务的协调	(1) 宴会服务概述	1）宴会服务的特点	(1) 方法：讲授法、案例教学法、讨论法 (2) 重点与难点：宴会服务的特点及作用	1
			2）宴会服务的作用		
		(2) 协调宴会服务的方案实施	1）人员分工计划	(1) 方法：讲授法、案例教学法、讨论法 (2) 重点与难点：宴会服务实施方案的编制步骤	4
			2）宴会场景布置计划		
			3）宴会物品准备计划		
			4）开宴前的检查工作计划		
			5）宴会现场指挥管理计划		
			6）宴会结束工作计划		
			7）宴会服务实施方案的编制步骤		
			8）宴会服务的组织实施布置		

续表

<table>
<tr><th>模块</th><th>课程</th><th>学习单元</th><th>课程内容</th><th>培训建议</th><th>课堂学时</th></tr>
<tr><td rowspan="6">2．菜肴制作与装饰</td><td rowspan="3">2-1　创新菜的制作与开发</td><td rowspan="2">（1）新技法创新菜肴</td><td>1）菜肴创新概述</td><td rowspan="2">（1）方法：讲授法、演示法
（2）重点：创新的方法
（3）难点：新技法的选择</td><td rowspan="2">2</td></tr>
<tr><td>2）新技法创新菜肴实例
①真空低温烹调法创制新菜肴
②微波烹调法创制新菜肴</td></tr>
<tr><td>（2）新原料、新调料创新菜肴</td><td>1）新原料、新调料创新菜肴
①新原料创新菜肴
②新调料创新菜肴</td><td>（1）方法：讲授法、演示法
（2）重点：创新的方法
（3）难点：新原料、新调料的选择</td><td>2</td></tr>
<tr><td rowspan="3">2-2　主题展台的设计</td><td rowspan="2">（1）主题性展台的设计</td><td>1）主题性展台概述
①主题性展台的特点
②主题性展台的作用
③主题性展台的设计步骤
④主题性展台实例</td><td rowspan="2">（1）方法：讲授法、演示法
（2）重点：主题性展台的设计思路
（3）难点：主题性展台的组织实施</td><td rowspan="2">4</td></tr>
<tr><td>2）重大活动主题性展台的设计
①重大节日主题性展台
②重大活动主题性展台</td></tr>
<tr><td>（2）主题性展台的美化、装饰</td><td>1）主题性展台美化、装饰实例
①利用相应花草、果蔬装饰
②采用符合主题的装饰物装饰
③灯光装饰
④其他装饰</td><td>（1）方法：讲授法、演示法
（2）重点：美化、装饰的思路
（3）难点：美化、装饰的具体操作</td><td>4</td></tr>
</table>

续表

模块	课程	学习单元	课程内容	培训建议	课堂学时
3．厨房管理	3-1　厨房整体布局	（1）影响厨房布局的因素	1）厨房布局概述 ①厨房布局的定义 ②厨房布局的原则 ③厨房布局的作用	（1）方法：讲授法、案例教学法 （2）重点：影响厨房位置的因素 （3）难点：影响厨房面积的因素	1
			2）影响厨房位置的因素		
			3）影响厨房面积的因素		
		（2）中餐厨房布局	1）中餐厨房布局实例 ①L形中餐厨房布局 ②直线形中餐厨房布局 ③平行形中餐厨房布局 ④U形中餐厨房布局	（1）方法：讲授法、案例教学法、讨论法 （2）重点与难点：厨房的各类布局	2
	3-2　人员组织	（1）厨房各岗位人员配备	1）厨房组织结构设置	（1）方法：讲授法、案例教学法 （2）重点与难点：厨房各岗位人员的配备	2
			2）厨房各岗位人员的配备		
		（2）厨房各岗位职责	1）炉灶岗位职责	（1）方法：讲授法、案例教学法 （2）重点与难点：厨房各岗位的职责	2
			2）切配岗位职责		
			3）打荷岗位职责		
			4）冷菜岗位职责		

续表

模块	课程	学习单元	课程内容	培训建议	课堂学时
3．厨房管理	3-2 人员组织	（2）厨房各岗位职责	5）蒸灶岗位职责		
			6）初加工岗位职责		
			7）厨师长岗位职责		
	3-3 菜肴质量管理分工	（1）菜肴质量评价标准及质量控制方案	1）菜肴质量管理概述 ①菜肴质量管理的定义 ②菜肴质量管理的作用	（1）方法：讲授法、案例教学法 （2）重点：菜肴质量评价标准 （3）难点：菜肴质量控制的方案	2
			2）菜肴质量评价的标准		
			3）菜肴质量控制的方案		
		（2）菜肴质量的针对性控制	1）炉灶岗位的质量控制	（1）方法：讲授法、案例教学法 （2）重点与难点：各岗位的质量控制	2
			2）切配岗位的质量控制		
			3）打荷岗位的质量控制		
			4）冷菜岗位的质量控制		
			5）蒸灶岗位的质量控制		
			6）初加工岗位的质量控制		

续表

<table>
<tr><th>模块</th><th>课程</th><th>学习单元</th><th>课程内容</th><th>培训建议</th><th>课堂学时</th></tr>
<tr><td rowspan="14">4．培训指导</td><td rowspan="8">4-1　培训</td><td rowspan="3">（1）编写培训讲义</td><td>1）培训讲义概述</td><td rowspan="3">（1）方法：项目教学法
（2）重点与难点：培训讲义编写程序</td><td rowspan="3">2</td></tr>
<tr><td>2）培训讲义编写原则</td></tr>
<tr><td>3）培训讲义编写程序</td></tr>
<tr><td rowspan="2">（2）培训实施</td><td>1）常见教学法概述</td><td rowspan="2">（1）方法：项目教学法
（2）重点与难点：常见教学法的应用</td><td rowspan="2">2</td></tr>
<tr><td>2）常见教学法的应用</td></tr>
<tr><td rowspan="3">（3）多媒体课件的制作和应用</td><td>1）多媒体课件概述</td><td rowspan="3">（1）方法：实训法
（2）重点与难点：多媒体课件的应用</td><td rowspan="3">2</td></tr>
<tr><td>2）多媒体课件制作的要求</td></tr>
<tr><td>3）多媒体课件的应用</td></tr>
<tr><td rowspan="4">4-2　指导</td><td rowspan="4">（1）技能指导</td><td>1）技能指导基本技能概述</td><td rowspan="4">（1）方法：项目教学法
（2）重点与难点：技能指导的基本步骤</td><td rowspan="4">1</td></tr>
<tr><td>2）技能指导的基本步骤</td></tr>
<tr><td>3）指导对象学情分析</td></tr>
<tr><td>4）指导者在指导中的作用</td></tr>
<tr><td colspan="5">课堂学时合计</td><td>40</td></tr>
</table>

2.2.7　培训建议中培训方法说明

1．讲授法

讲授法指教师主要运用语言讲述，系统地向学员传授知识，传播思想理念。即教师通过叙述、描绘、解释、推论来传递信息、传授知识、阐明概念、论证定律和公式，引导学员获取知识，认识和分析问题。

2．讨论法

讨论法指在教师的指导下，学员以班级或小组为单位，围绕学习单元的内容，对某一专题进行深入探讨，通过讨论或辩论活动，从而获得知识或巩固知识的一种教学方法，要求教师在讨论结束时对讨论的主题做归纳性总结。

3．实训（练习）法

实训（练习）法指学员在教师的指导下巩固知识、运用知识，形成技能技巧的方法。通过实际操作的练习，形成操作技能。

4．参观法

参观法指教师组织或指导学员进行实地观察、调查、研究和学习，使学员获得新知识或巩固已学知识的教学方法。参观教学法可细分为“准备性参观、并行性参观、总结性参观”等。

5．演示法

演示法指在教学过程中，教师通过示范操作和讲解使学员获得知识、技能的教学方法。教学中，教师对操作内容进行现场演示，边操作边讲解，强调操作的关键步骤和注意事项，使学员边学边做，理论与技能并重，师生互动，提高学生的学习兴趣和学习效率。

6．案例教学法

案例教学法指通过对案例进行分析，提出问题，分析问题，并找到解决问题的途径和手段，培养学员分析问题、处理问题的能力。

7．项目教学法

项目教学法指以实际应用为目的，将理论知识与实际工作相结合，通过师生共同完成一个完整的项目工作，使学员获得知识和实践操作能力与解决实际问题能力的教学方法。其实施以小组为学习单位，步骤一般分为确定项目任务、计划、决策、实施、检查和评价 6 个步骤。强调学员在学习过程中的主体地位，以学员为中心，以学员学习为主、教师指导为辅，通过完成教学项目，激发学员的学习积极性，使学员既获得相关理论知识，又掌握实践技能和工作方法，提高学员解决实际问题的综合能力。

8．角色扮演法

角色扮演法指学员通过不同角色的扮演，体验自身角色的内涵活动和对方角色的心理，充分展现各种角色的“为”和“位”。

9．情景表演法

情景表演法指教师在实施培训前事先准备和布置培训现场，并设定情景表演的情景、对话内容及评估标准，通过学员现场的情景表演活动以及教师对活动效果的及时评估，从而达到培训的预期效果。

10．实物示教法

实物示教法指教师通过实物的操作演示或对学员实物操作演示的评价，实现对学员技能操作步骤和要领掌握情况的检查、纠错、修正，并演示正确操作方法的一种教学方法。

11．观摩法

观摩法指让学员通过现场观摩、观看视频等形式，学习、获取知识、技能的一种教学方法。

2.3 考核规范

2.3.1 职业基本素质培训考核规范

考核范围	考核比重（%）	考核内容	考核比重（%）	考核单元
1．职业认知与职业道德	20	1–1　职业认知	5	（1）职业认知
		1–2　职业道德基本知识	5	（1）道德与职业道德
		1–3　职业守则	10	（1）职业守则
2．烹饪原料基础知识	15	2–1　原料的分类	2	（1）原料概述
		2–2　原料的特性	3	（1）原料的特性
		2–3　原料的选择与鉴别	5	（1）原料的选择与鉴别
		2–4　原料的保管与储藏	5	（1）原料的保管与储藏
3．食品卫生与厨房安全知识	30	3–1　食品污染	3	（1）食品污染的概念及类型
				（2）各类食品污染及其预防
		3–2　食物中毒及预防	4	（1）食源性疾病与食物中毒
				（2）食物中毒的类型
				（3）食物中毒事故的处理原则
		3–3　烹饪原料的卫生	3	（1）各类原料的卫生

续表

考核范围	考核比重（%）	考核内容	考核比重（%）	考核单元
3．食品卫生与厨房安全知识	30	3-4　烹饪工艺的卫生	4	（1）烹饪原料初加工工艺卫生与安全
				（2）烹饪工艺卫生与安全
		3-5　饮食卫生要求	4	（1）饮食卫生“五四”制
				（2）个人卫生
				（3）餐饮企业的环境卫生
				（4）食品储存、销售过程的卫生要求
		3-6　安全用电知识	3	（1）厨房安全用电
				（2）触电的现场救护
		3-7　防火防爆安全知识	4	（1）防火知识
				（2）防爆知识
		3-8　设备、工具的安全使用与保养	5	（1）设备的安全使用与保养
				（2）工具的安全使用与保养
4．饮食营养知识	15	4-1　食物的消化与吸收	3	（1）食物的消化
				（2）食物的吸收
				（3）烹饪与消化的关系
		4-2　人体必需的营养素	4	（1）六大营养素
		4-3　原料的营养价值	4	（1）植物性原料营养价值
				（2）动物性原料营养价值
		4-4　平衡膳食	4	（1）平衡膳食
				（2）中国居民膳食指南

续表

考核范围	考核比重（%）	考核内容	考核比重（%）	考核单元
5. 餐饮业成本核算	15	5–1　成本的核算	7	（1）成本的计算
		5–2　毛利率的计算	8	（1）毛利率的计算
6. 相关法律、法规知识	5	6–1　法律知识	2	（1）法律知识
		6–2　法规知识	3	（2）法规知识

2.3.2　初级职业技能培训理论知识考核规范

考核范围	考核比重（%）	考核内容	考核比重（%）	考核单元
1. 岗前准备	5	1–1　个人、环境及工具准备	5	（1）个人、环境准备
				（2）工具准备
2. 原料初加工	20	2–1　鲜活原料的初加工	10	（1）果蔬类原料的清洗整理加工
				（2）家禽类原料清洗整理
				（3）有鳞鱼类原料清洗整理
		2–2　冷冻及加工性原料的初加工	10	（1）冷冻原料的初加工
				（2）食用菌类、干菜类等常见的干制植物性原料涨发加工
3. 原料分档与切割	25	3–1　原料分割	10	（1）分割取料概述
				（2）家禽、鱼类的分割、取料
		3–2　原料切割成形	10	（1）刀工基础
				（2）植物性原料切割
				（3）动物性原料切割
		3–3 菜肴组配	5	（1）常见菜肴组配
				（2）菜肴盛器知识

续表

考核范围	考核比重（%）	考核内容	考核比重（%）	考核单元
4．原料预制与预制加工处理	20	4–1　着衣处理	5	（1）拍粉、拖蛋液拍粉
		4–2　调味处理	10	（1）调味基础
				（2）动物性原料的腌制处理
				（3）调制味汁
		4–3　预熟处理	5	（1）焯水预熟处理
5. 菜肴制作	30	5–1　临灶操作	5	（1）临灶操作概述
				（2）调味
				（3）勺功技术
		5–2　热菜制作	15	（1）以水为传热介质的烹调方法
				（2）以油为传热介质的烹调方法
				（3）以汽为传热介质的烹调方法
		5–3　冷菜制作	10	（1）冷制冷食菜肴的制作
				（2）单一主料冷菜的拼摆及成形

2.3.3　初级职业技能培训操作技能考核规范

考核范围	考核比重（%）	考核内容	考核比重（%）	考核形式	选考方式	考核时间（分钟）	重要程度
中式烹调初级	100	1–1　岗前准备（基本素质）	10	实操	必考	过程考试	Z
		1–2　原料初加工（根茎原料去皮一个）	10	实操	必考	10	Y
		1–3　原料刀工成形（根茎原料刀工成形一个）	10	实操	必考		X
		1–4　冷菜制作（单碟二个）	30	实操	必考	25	X
		1–5　热菜制作（指定热菜二个）	40	实操	必考	35	X

2.3.4 中级职业技能培训理论知识考核规范

考核范围	考核比重(%)	考核内容	考核比重(%)	考核单元
1. 原料初加工	20	1–1 鲜活原料的初加工	12	(1) 动物性鲜活原料品质鉴别
				(2) 家畜类的头、蹄、尾部及内脏原料清洗整理
				(3) 无鳞鱼类原料清洗整理
		1–2 加工性原料的初加工	8	(1) 加工性原料的品质鉴别
				(2) 蹄筋、肉皮等干料涨发加工
2. 原料分档与切割	25	2–1 原料分割	8	(1) 家畜类原料的分割、取料
				(2) 无鳞鱼类原料的分割、取料
		2–2 原料切割成形	10	(1) 剞刀工艺
				(2) 食品雕刻工艺
		2–3 菜肴组配	7	(1) 多种原料菜肴组配
				(2) 基础花式菜肴组配
3. 原料预制与预制加工处理	25	3–1 着衣处理	8	(1) 浆、糊的调制
		3–2 调味、调色处理	7	(1) 调味
				(2) 调色
		3–3 预熟处理	10	(1) 过油预熟处理
				(2) 走红预熟处理
				(3) 制汤
4. 菜肴制作	30	4–1 临灶操作	5	(1) 火候概述
				(2) 勾芡技术
		4–2 热菜制作	15	(1) 以水为传热介质的烹调方法
				(2) 以油为传热介质的烹调方法
				(3) 以汽为传热介质的烹调方法
		4–3 冷菜制作	10	(1) 热制冷食菜肴的制作
				(2) 拼盘的制作

2.3.5 中级职业技能培训操作技能考核规范

<table>
<tr><th>考核范围</th><th>考核比重（%）</th><th colspan="2">考核内容</th><th>考核比重（%）</th><th>考核形式</th><th>选考方式</th><th>考核时间（分钟）</th><th>重要程度</th></tr>
<tr><td rowspan="6">中式烹调中级</td><td rowspan="6">100</td><td colspan="2">1-1 岗前准备
（基本素质）</td><td>10</td><td>实操</td><td>必考</td><td>过程考试</td><td>Z</td></tr>
<tr><td colspan="2">1-2 原料分档与切割
（动物性原料花刀成形一个）</td><td>5</td><td>实操</td><td>必考</td><td rowspan="2">20</td><td>Y</td></tr>
<tr><td colspan="2">1-3 食品雕刻
（根茎原料雕刻花卉一朵）</td><td>10</td><td>实操</td><td>必考</td><td>X</td></tr>
<tr><td colspan="2">1-4 冷菜制作
（冷菜双拼一个）</td><td>30</td><td>实操</td><td>必考</td><td>20</td><td>X</td></tr>
<tr><td rowspan="2">1-5 热菜制作</td><td>指定热菜二个</td><td>30</td><td>实操</td><td>必考</td><td rowspan="2">50</td><td>X</td></tr>
<tr><td>指定原料自选热菜一个</td><td>15</td><td>实操</td><td>必考</td><td>X</td></tr>
</table>

2.3.6 高级职业技能培训理论知识考核规范

<table>
<tr><th>考核范围</th><th>考核比重（%）</th><th>考核内容</th><th>考核比重（%）</th><th>考核单元</th></tr>
<tr><td rowspan="4">1. 原料初加工</td><td rowspan="4">20</td><td rowspan="2">1-1 鲜活原料的初加工</td><td rowspan="2">10</td><td>（1）贝类、爬行类、软体类原料清洗整理</td></tr>
<tr><td>（2）虾、蟹类原料清洗整理</td></tr>
<tr><td rowspan="2">1-2 加工性原料的初加工</td><td rowspan="2">10</td><td>（1）干制鱿鱼、墨鱼等涨发加工</td></tr>
<tr><td>（2）干制鱼肚、干贝等涨发加工</td></tr>
<tr><td rowspan="4">2. 原料分档与切割</td><td rowspan="4">20</td><td>2-1 原料分割</td><td>5</td><td>（1）整料脱骨</td></tr>
<tr><td rowspan="2">2-2 原料切割成形</td><td rowspan="2">5</td><td>（1）茸、泥加工</td></tr>
<tr><td>（2）整形雕刻工艺</td></tr>
<tr><td>2-3 菜肴组配</td><td>10</td><td>（1）花式菜肴组配</td></tr>
</table>

续表

考核范围	考核比重（%）	考核内容	考核比重（%）	考核单元
3．原料预制与预制加工处理	25	3-1　制汤	10	（1）清汤、奶汤、浓汤的制作
		3-2　制冻	6	（1）琼脂冻、鱼胶、皮冻的制作
		3-3　制茸胶	9	（1）鱼类茸胶、虾类茸胶、鸡类茸胶的制作
4．菜肴制作	35	4-1　热菜制作	20	（1）以水为传热介质的烹调方法
				（2）以油为传热介质的烹调方法
				（3）以汽为传热介质的烹调方法
		4-2　冷菜制作	15	（1）一般冷菜制作
				（2）象形冷菜的拼摆

2.3.7　高级职业技能培训操作技能考核规范

<table>
<tr><th>考核范围</th><th>考核比重（%）</th><th colspan="2">考核内容</th><th>考核比重（%）</th><th>考核形式</th><th>选考方式</th><th>考核时间（分钟）</th><th>重要程度</th></tr>
<tr><td rowspan="5">中式烹调高级</td><td rowspan="5">100</td><td colspan="2">1-1　食品雕刻（根茎原料雕刻动物造型一个）</td><td>15</td><td>实操</td><td>必考</td><td>30</td><td>Y</td></tr>
<tr><td colspan="2">1-2　冷菜制作（象形冷菜的拼摆一个）</td><td>25</td><td>实操</td><td>必考</td><td>50</td><td>X</td></tr>
<tr><td rowspan="3">1-3　热菜制作</td><td>指定热菜二个</td><td>30</td><td>实操</td><td>必考</td><td>30</td><td>X</td></tr>
<tr><td>指定原料自选热菜一个</td><td>15</td><td>实操</td><td>必考</td><td rowspan="2">40</td><td>X</td></tr>
<tr><td>自选原料自选热菜一个</td><td>15</td><td>实操</td><td>必考</td><td>X</td></tr>
</table>

2.3.8　技师职业技能培训理论知识考核规范

<table>
<tr><th>考核范围</th><th>考核比重（%）</th><th>考核内容</th><th>考核比重（%）</th><th>考核单元</th></tr>
<tr><td rowspan="2">1．原料鉴别与加工</td><td rowspan="2">20</td><td>1-1　原料鉴别</td><td>10</td><td>（1）特色干制动物性原料的品质鉴别</td></tr>
<tr><td>1-2　加工性原料的初加工</td><td>10</td><td>（1）特色干制动物性原料涨发加工</td></tr>
<tr><td rowspan="5">2．菜单设计</td><td rowspan="5">20</td><td rowspan="2">2-1　零点菜单设计</td><td rowspan="2">10</td><td>（1）零点菜单的结构及作用</td></tr>
<tr><td>（2）零点菜单设计的原则及方法</td></tr>
<tr><td rowspan="3">2-2　宴会菜单设计</td><td rowspan="3">10</td><td>（1）宴会的类型及发展</td></tr>
<tr><td>（2）宴会菜单的结构及作用</td></tr>
<tr><td>（3）宴会菜单设计的原则和方法</td></tr>
<tr><td rowspan="9">3．菜肴制作与装饰</td><td rowspan="9">25</td><td rowspan="6">3-1　热菜烹制</td><td rowspan="6">15</td><td>（1）菜系概述</td></tr>
<tr><td>（2）鲁菜特色菜肴的制作</td></tr>
<tr><td>（3）川菜特色菜肴的制作</td></tr>
<tr><td>（4）粤菜特色菜肴的制作</td></tr>
<tr><td>（5）苏菜特色菜肴的制作</td></tr>
<tr><td>（6）其他特色菜肴的制作</td></tr>
<tr><td>3-2　冷菜烹制</td><td>5</td><td>（1）各客冷拼的拼摆</td></tr>
<tr><td rowspan="2">3-3　餐盘装饰</td><td rowspan="2">5</td><td>（1）各客冷拼的美化</td></tr>
<tr><td>（2）餐盘装饰</td></tr>
<tr><td rowspan="4">4．厨房管理</td><td rowspan="4">25</td><td rowspan="4">4-1　成本管理</td><td rowspan="4">15</td><td>（1）厨房管理和成本管理概述</td></tr>
<tr><td>（2）厨房产品成本控制</td></tr>
<tr><td>（3）厨房成本核算报表</td></tr>
<tr><td>（4）编制控制成本的方案</td></tr>
</table>

续表

考核范围	考核比重（%）	考核内容	考核比重（%）	考核单元
4．厨房管理	25	4–2　厨房生产管理	12	（1）厨房生产各阶段的管理细则
				（2）制定标准食谱
				（3）控制厨房出品秩序
5．培训指导	10	5–1　专业培训	5	（1）编写培训计划
				（2）编写培训教案
				（3）实施培训教学
		5–2　技能指导	5	（1）技能指导的组织和评定

2.3.9　技师职业技能培训操作技能考核规范

考核范围	考核比重（%）	考核内容		考核比重（%）	考核形式	选考方式	考核时间（分钟）	重要程度
中式烹调技师	100	1–1　冷菜烹制（各客冷拼一组三个）		20	实操	必考	40	X
		1–2　热菜烹制	指定本地菜系名菜一个	15	实操	必考	60	X
			指定外地菜菜系自选名菜一个	15	实操	必考		Y
		1–3　菜单设计一题		20	笔试	必考	60	X
		1–4　厨房管理	成本管理案例分析一题	15	笔试	必考		X
			厨房生产管理培训教案编写一题	15	笔试	必考		X

2.3.10 高级技师职业技能培训理论知识考核规范

考核范围	考核比重（%）	考核内容	考核比重（%）	考核单元
1．宴会主理	25	1–1 宴会菜肴的组织	10	（1）宴会菜肴制作
				（2）宴会菜肴制作实施方案的编制
		1–2 宴会服务的协调	15	（1）宴会服务概述
				（2）协调宴会服务的方案实施
2．菜肴制作与装饰	30	2–1 创新菜的制作与开发	15	（1）新技法创新菜肴
				（2）新原料、新调料创新菜肴
		2–2 主题展台的设计	15	（1）主题性展台的设计
				（2）主题性展台的美化、装饰
3．厨房管理	35	3–1 厨房整体布局	15	（1）影响厨房布局的因素
				（2）中餐厨房布局
		3–2 人员组织	10	（1）厨房各岗位人员配备
				（2）厨房各岗位职责
		3–3 菜肴质量管理分工	10	（1）菜肴质量评价标准及质量控制方案
				（2）菜肴质量的针对性控制
4．培训指导	10	4–1 培训	5	（1）编写培训讲义
				（2）培训实施
				（3）多媒体课件的制作和应用
		4–2 指导	5	（1）技能指导

2.3.11 高级技师职业技能培训操作技能考核规范

<table>
<tr><th>考核范围</th><th>考核比重（%）</th><th colspan="2">考核内容</th><th>考核比重（%）</th><th>考核形式</th><th>选考方式</th><th>考核时间（分钟）</th><th>重要程度</th></tr>
<tr><td rowspan="7">中式烹调高级技师</td><td rowspan="7">100</td><td rowspan="3">1-1 菜肴制作与装饰</td><td>新技法创新菜肴一个</td><td>20</td><td>实操</td><td>必考</td><td rowspan="2">60</td><td>X</td></tr>
<tr><td>新原料、新调料创新菜肴一个</td><td>20</td><td>实操</td><td>必考</td><td>X</td></tr>
<tr><td>主题展台的设计方案一题</td><td>10</td><td>笔试</td><td>必考</td><td>提前完成</td><td>Y</td></tr>
<tr><td rowspan="2">1-2 宴会主理</td><td>宴会菜肴制作实施方案的编制一题</td><td rowspan="2">20</td><td rowspan="2">笔试</td><td rowspan="2">必考（二选一）</td><td rowspan="4">90</td><td rowspan="2">X</td></tr>
<tr><td>协调宴会服务的实施方案一题</td></tr>
<tr><td rowspan="2">1-3 厨房管理</td><td>中餐厨房布局及各岗位人员配备案例分析一题</td><td>15</td><td>笔试</td><td>必考</td><td>X</td></tr>
<tr><td>菜肴质量管理培训讲义编写一题</td><td>15</td><td>笔试</td><td>必考</td><td>X</td></tr>
</table>

培训要求与课程规范对照表

附录 1　职业基本素质培训要求与课程规范对照表

<table>
<tr><th colspan="3">2.1.1　职业基本素质培训要求</th><th colspan="4">2.2.1　职业基本素质培训课程规范</th></tr>
<tr><th>职业基本素质模块（模块）</th><th>培训内容（课程）</th><th>培训细目</th><th>学习单元</th><th>课程内容</th><th>培训建议</th><th>课堂学时</th></tr>
<tr><td rowspan="11">1. 职业认知与职业道德</td><td rowspan="2">1-1　职业认知</td><td rowspan="2">（1）中式烹调师简介
（2）中式烹调师的工作内容</td><td rowspan="2">（1）职业认知</td><td>1）餐饮业认知</td><td rowspan="2">（1）方法：讲授法
（2）重点与难点：中式烹调师的工作内容</td><td rowspan="2">1</td></tr>
<tr><td>2）中式烹调师职业认知</td></tr>
<tr><td rowspan="3">1-2　职业道德基本知识</td><td rowspan="3">（1）“四德”建设的主要内容
（2）社会主义核心价值观
（3）职业道德修养
（4）餐饮从业人员职业道德规范</td><td rowspan="3">（1）道德与职业道德</td><td>1）道德
①道德的含义
②维持道德的依据
③公民道德规范
④社会主义核心价值观</td><td rowspan="3">（1）方法：讲授法、案例教学法
（2）重点与难点：中式烹调师的职业道德规范</td><td rowspan="3">2</td></tr>
<tr><td>2）职业道德
①职业道德的概念
②各行业共同的道德内容
③服务态度、服务质量、职业道德三者的关系
④加强职业道德修养</td></tr>
<tr><td>3）中式烹调师的职业道德规范</td></tr>
<tr><td rowspan="5">1-3　职业守则</td><td rowspan="5">（1）餐饮从业人员职业守则</td><td rowspan="5">（1）职业守则</td><td>1）忠于职守，爱岗敬业</td><td rowspan="5">（1）方法：讲授法、案例教学法
（2）重点与难点：中式烹调师的职业守则</td><td rowspan="5">1</td></tr>
<tr><td>2）讲究质量，注重信誉</td></tr>
<tr><td>3）遵纪守法，讲究公德</td></tr>
<tr><td>4）尊师爱徒，团结协作</td></tr>
<tr><td>5）积极进取，开拓创新</td></tr>
</table>

续表

<table>
<tr><th colspan="3">2.1.1　职业基本素质培训要求</th><th colspan="4">2.2.1　职业基本素质培训课程规范</th></tr>
<tr><th>职业基本素质模块（模块）</th><th>培训内容（课程）</th><th>培训细目</th><th>学习单元</th><th>课程内容</th><th>培训建议</th><th>课堂学时</th></tr>
<tr><td rowspan="14">2．烹饪原料基础知识</td><td>2-1　原料的分类</td><td>（1）原料的分类方法
（2）原料的种类</td><td>（1）原料概述</td><td>1）烹饪原料概述
①烹饪原料的概念
②原料的分类
③原料的特点</td><td>（1）方法：讲授法、案例教学法
（2）重点与难点：原料的特点</td><td>1</td></tr>
<tr><td rowspan="6">2-2　原料的特性</td><td rowspan="6">（1）果蔬原料的特性
（2）畜类原料的特性
（3）禽类原料的特性
（4）水产品原料的特性
（5）调味品原料的特性
（6）加工性原料的特性</td><td rowspan="6">（1）原料的特性</td><td>1）果蔬原料的特性</td><td rowspan="6">（1）方法：讲授法、案例教学法
（2）重点：果蔬原料的特性
（3）难点：水产品原料的特性</td><td rowspan="6">1</td></tr>
<tr><td>2）畜类原料的特性</td></tr>
<tr><td>3）禽类原料的特性</td></tr>
<tr><td>4）水产品原料的特性</td></tr>
<tr><td>5）调味品原料的特性</td></tr>
<tr><td>6）加工性原料的特性</td></tr>
<tr><td rowspan="6">2-3　原料的选择与鉴别</td><td rowspan="6">（1）果蔬原料的选择与鉴别
（2）畜类原料的选择与鉴别
（3）禽类原料的选择与鉴别
（4）水产品原料的选择与鉴别
（5）调味品原料的选择与鉴别
（6）加工性原料的选择与鉴别</td><td rowspan="6">（1）原料的选择与鉴别</td><td>1）果蔬原料的选择与鉴别</td><td rowspan="6">（1）方法：讲授法、案例教学法
（2）重点：水产品原料的选择与鉴别
（3）难点：畜类原料的选择与鉴别</td><td rowspan="6">1</td></tr>
<tr><td>2）畜类原料的选择与鉴别</td></tr>
<tr><td>3）禽类原料的选择与鉴别</td></tr>
<tr><td>4）水产品原料的选择与鉴别</td></tr>
<tr><td>5）调味品原料的选择与鉴别</td></tr>
<tr><td>6）加工性原料的选择与鉴别</td></tr>
</table>

续表

<table>
<tr><th colspan="3">2.1.1 职业基本素质培训要求</th><th colspan="4">2.2.1 职业基本素质培训课程规范</th></tr>
<tr><th>职业基本素质模块（模块）</th><th>培训内容（课程）</th><th>培训细目</th><th>学习单元</th><th>课程内容</th><th>培训建议</th><th>课堂学时</th></tr>
<tr><td rowspan="8">2. 烹饪原料基础知识</td><td rowspan="8">2-4 原料的保管与储藏</td><td rowspan="8">(1) 谷类原料的保管与储藏
(2) 豆类及其制品的保管与储藏
(3) 果蔬类原料的保管与储藏
(4) 畜禽肉类及其制品的保管与储藏
(5) 水产类原料的保管与储藏
(6) 奶类及其制品的保管与储藏
(7) 蛋类及其制品的保管与储藏
(8) 调味品及加工性原料的保管与储藏</td><td rowspan="8">(1) 原料的保管与储藏</td><td>1) 谷类原料的保管与储藏</td><td rowspan="8">(1) 方法：讲授法、案例教学法
(2) 重点：水产类原料的保管与储藏
(3) 难点：果蔬类原料的保管与储藏</td><td rowspan="8">1</td></tr>
<tr><td>2) 豆类及其制品的保管与储藏</td></tr>
<tr><td>3) 果蔬类原料的保管与储藏</td></tr>
<tr><td>4) 畜禽肉类及其制品的保管与储藏</td></tr>
<tr><td>5) 水产类原料的保管与储藏</td></tr>
<tr><td>6) 奶类及其制品的保管与储藏</td></tr>
<tr><td>7) 蛋类及其制品的保管与储藏</td></tr>
<tr><td>8) 调味品及加工性原料的保管与储藏</td></tr>
<tr><td rowspan="5">3. 食品卫生与厨房安全知识</td><td rowspan="5">3-1 食品污染</td><td rowspan="5">(1) 食品污染的概念及类型
(2) 各类食品污染及其预防</td><td rowspan="2">(1) 食品污染的概念及类型</td><td>1) 食品污染的概念</td><td rowspan="2">(1) 方法：讲授法
(2) 重点与难点：食品污染的概念及分类</td><td rowspan="2">1</td></tr>
<tr><td>2) 食品污染的类型
①生物性污染
②化学性污染
③物理性污染</td></tr>
<tr><td rowspan="3">(2) 各类食品污染及其预防</td><td>1) 食品的生物性污染及其预防
①微生物污染及其预防
②寄生虫污染及其预防</td><td rowspan="3">(1) 方法：讲授法、案例教学法
(2) 重点：各类食品污染及预防措施
(3) 难点：食品微生物污染</td><td rowspan="3">1</td></tr>
<tr><td>2) 食品的化学性污染及其预防
①金属毒物污染及其预防
②残留物、禁用物污染及其预防
③加工造成的污染及其预防</td></tr>
<tr><td>3) 食品的物理性污染及其预防
①异物污染及其预防
②放射性污染及其预防</td></tr>
</table>

续表

<table>
<tr><th colspan="3">2.1.1 职业基本素质培训要求</th><th colspan="4">2.2.1 职业基本素质培训课程规范</th></tr>
<tr><th>职业基本素质模块（模块）</th><th>培训内容（课程）</th><th>培训细目</th><th>学习单元</th><th>课程内容</th><th>培训建议</th><th>课堂学时</th></tr>
<tr><td rowspan="20">3. 食品卫生与厨房安全知识</td><td rowspan="7">3-2 食物中毒及预防</td><td rowspan="7">(1) 食源性疾病与食物中毒
(2) 食物中毒的类型
(3) 食物中毒事故的处理原则</td><td rowspan="2">(1) 食源性疾病与食物中毒</td><td>1) 食源性疾病</td><td rowspan="2">(1) 方法：讲授法
(2) 重点：食物中毒的概念及分类
(3) 难点：食源性疾病与食物中毒的关联与区别</td><td rowspan="2">1</td></tr>
<tr><td>2) 食物中毒的概念及特点</td></tr>
<tr><td rowspan="3">(2) 食物中毒的类型</td><td>1) 细菌性食物中毒</td><td rowspan="3">(1) 方法：讲授法、案例教学法
(2) 重点与难点：各类食物中毒的特点与预防措施</td><td rowspan="3">1</td></tr>
<tr><td>2) 真菌性食物中毒</td></tr>
<tr><td>3) 有毒动、植物食物中毒</td></tr>
<tr><td rowspan="2">(3) 食物中毒事故的处理原则</td><td>1) 食物中毒的一般急救处理</td><td rowspan="2">(1) 方法：讲授法
(2) 重点与难点：食物中毒事故的处理方法</td><td rowspan="2">1</td></tr>
<tr><td>2) 食物中毒调查处理程序与方法</td></tr>
<tr><td rowspan="8">3-3 烹饪原料的卫生</td><td rowspan="8">(1) 各类原料的卫生与安全</td><td rowspan="8">(1) 各类原料的卫生</td><td>1) 粮豆的卫生</td><td rowspan="8">(1) 方法：讲授法、案例教学法
(2) 重点与难点：各类烹饪原料的卫生与安全问题</td><td rowspan="8">1</td></tr>
<tr><td>2) 果蔬的卫生</td></tr>
<tr><td>3) 畜肉的卫生</td></tr>
<tr><td>4) 禽类的卫生</td></tr>
<tr><td>5) 蛋类的卫生</td></tr>
<tr><td>6) 水产的卫生</td></tr>
<tr><td>7) 奶及奶制品的卫生</td></tr>
<tr><td>8) 调味品的卫生</td></tr>
<tr><td rowspan="4">3-4 烹饪工艺的卫生</td><td rowspan="4">(1) 烹饪原料初加工工艺卫生与安全
(2) 烹饪工艺卫生与安全</td><td rowspan="2">(1) 烹饪原料初加工工艺卫生与安全</td><td>1) 烹饪原料初加工的一般卫生要求</td><td rowspan="2">(1) 方法：讲授法
(2) 重点与难点：各种初加工工艺可能出现的卫生与安全问题及预防措施</td><td rowspan="2">1</td></tr>
<tr><td>2) 常用原料的初加工卫生</td></tr>
<tr><td rowspan="2">(2) 烹饪工艺卫生与安全</td><td>1) 冷菜制作的卫生与安全</td><td rowspan="2">(1) 方法：讲授法
(2) 重点与难点：各种烹饪工艺可能出现的卫生与安全问题及预防措施</td><td rowspan="2">1</td></tr>
<tr><td>2) 热菜制作的卫生与安全</td></tr>
</table>

续表

<table>
<tr><th colspan="3">2.1.1　职业基本素质培训要求</th><th colspan="4">2.2.1　职业基本素质培训课程规范</th></tr>
<tr><th>职业基本素质模块（模块）</th><th>培训内容（课程）</th><th>培训细目</th><th>学习单元</th><th>课程内容</th><th>培训建议</th><th>课堂学时</th></tr>
<tr><td rowspan="16">3．食品卫生与厨房安全知识</td><td rowspan="8">3-5　饮食卫生要求</td><td rowspan="8">（1）饮食卫生“五四”制
（2）餐饮企业的环境卫生
（3）食品生产、储存、运输、销售过程的卫生要求
（4）食品管理工作要求</td><td>（1）饮食卫生“五四”制</td><td>1）食品加工、销售、饮食企业卫生“五四”制</td><td>（1）方法：讲授法
（2）重点与难点：饮食卫生“五四”制</td><td>1</td></tr>
<tr><td rowspan="3">（2）个人卫生</td><td>1）保持手的经常性清洁卫生</td><td rowspan="3">（1）方法：讲授法、实训法
（2）重点与难点：个人卫生的保持</td><td rowspan="3">1</td></tr>
<tr><td>2）保持饮食操作卫生</td></tr>
<tr><td>3）保持仪表整洁</td></tr>
<tr><td rowspan="2">（3）餐饮企业的环境卫生</td><td>1）餐厅卫生</td><td rowspan="2">（1）方法：讲授法
（2）重点与难点：餐饮企业环境的卫生要求</td><td rowspan="2">1</td></tr>
<tr><td>2）厨房卫生</td></tr>
<tr><td rowspan="2">（4）食品储存、销售过程的卫生要求</td><td>1）食品储存的卫生</td><td rowspan="2">（1）方法：讲授法
（2）重点与难点：各环节的卫生要求</td><td rowspan="2">1</td></tr>
<tr><td>2）食品销售的卫生</td></tr>
<tr><td rowspan="3">3-6　安全用电知识</td><td rowspan="3">（1）厨房安全用电知识
（2）触电的现场救护</td><td>（1）厨房安全用电</td><td>1）厨房安全用电概述
①安全用电的概念
②安全用电的意义
③安全用电的制度</td><td>（1）方法：讲授法、案例教学法
（2）重点与难点：安全用电</td><td>1</td></tr>
<tr><td rowspan="2">（2）触电的现场救护</td><td>1）触电的简单诊断</td><td rowspan="2">（1）方法：讲授法、案例教学法
（2）重点与难点：触电的处理方法</td><td rowspan="2">1</td></tr>
<tr><td>2）触电的处理方法</td></tr>
<tr><td rowspan="5">3-7　防火防爆安全知识</td><td rowspan="5">（1）防火知识
（2）防爆知识</td><td rowspan="2">（1）防火知识</td><td>1）火灾的预防
①由燃料引起的火灾
②由电器引起的火灾</td><td rowspan="2">（1）方法：讲授法、案例教学法
（2）重点与难点：火灾的预防</td><td rowspan="2">1</td></tr>
<tr><td>2）灭火的措施
①由燃料引起的火灾
②由电器引起的火灾</td></tr>
<tr><td rowspan="3">（2）防爆知识</td><td>1）燃气爆炸的预防</td><td rowspan="3">（1）方法：讲授法、案例教学法
（2）重点与难点：燃气爆炸的预防</td><td rowspan="3">1</td></tr>
<tr><td>2）微波炉爆炸的预防</td></tr>
<tr><td>3）高压锅爆炸的预防</td></tr>
</table>

续表

<table>
<tr><th colspan="3">2.1.1 职业基本素质培训要求</th><th colspan="4">2.2.1 职业基本素质培训课程规范</th></tr>
<tr><th>职业基本素质模块（模块）</th><th>培训内容（课程）</th><th>培训细目</th><th>学习单元</th><th>课程内容</th><th>培训建议</th><th>课堂学时</th></tr>
<tr><td rowspan="6">3．食品卫生与厨房安全知识</td><td rowspan="6">3–8 设备、工具的安全使用与保养</td><td rowspan="6">（1）设备的安全使用与保养
（2）工具的安全使用与保养</td><td rowspan="3">（1）设备的安全使用与保养</td><td>1）厨房加工设备的安全使用与保养
①切片机
②搅拌机
③绞肉机</td><td rowspan="3">（1）方法：讲授法、案例教学法
（2）重点：厨房加工设备的安全使用与保养
（3）难点：厨房加热设备的安全使用与保养</td><td rowspan="3">2</td></tr>
<tr><td>2）厨房加热设备的安全使用与保养
①炉台
②蒸烤箱
③电磁灶</td></tr>
<tr><td>3）厨房其他设备的安全使用与保养
①电热开水器
②制冰机</td></tr>
<tr><td rowspan="3">（2）工具的安全使用与保养</td><td>1）刀具的安全使用与保养</td><td rowspan="3">（1）方法：讲授法、案例教学法
（2）重点与难点：刀具和菜墩的安全使用与保养</td><td rowspan="3">1</td></tr>
<tr><td>2）菜墩的安全使用与保养</td></tr>
<tr><td>3）炒锅的安全使用与保养</td></tr>
<tr><td rowspan="7">4．饮食营养知识</td><td rowspan="7">4–1 食物的消化与吸收</td><td rowspan="7">（1）消化系统
（2）食物的消化
（3）食物的吸收
（4）烹饪与消化的关系</td><td rowspan="4">（1）食物的消化</td><td>1）人体消化系统概述</td><td rowspan="4">（1）方法：讲授法
（2）重点：小肠内的食物消化
（3）难点：各类营养素不同的消化场所</td><td rowspan="4">1</td></tr>
<tr><td>2）口腔内的消化</td></tr>
<tr><td>3）胃内的消化</td></tr>
<tr><td>4）小肠内的消化</td></tr>
<tr><td>（2）食物的吸收</td><td>1）食物的吸收</td><td>（1）方法：讲授法
（2）重点与难点：吸收的不同方式</td><td>1</td></tr>
<tr><td rowspan="2">（3）烹饪与消化的关系</td><td>1）烹饪对消化的影响</td><td rowspan="2">（1）方法：讲授法、案例教学法
（2）重点与难点：烹饪对消化的不同影响</td><td rowspan="2">1</td></tr>
<tr><td>2）合理烹饪
①烹饪原料选择与搭配的原则
②选择合理的烹调方法</td></tr>
</table>

续表

<table>
<tr><th colspan="3">2.1.1　职业基本素质培训要求</th><th colspan="4">2.2.1　职业基本素质培训课程规范</th></tr>
<tr><th>职业基本素质模块（模块）</th><th>培训内容（课程）</th><th>培训细目</th><th>学习单元</th><th>课程内容</th><th>培训建议</th><th>课堂学时</th></tr>
<tr><td rowspan="17">4．饮食营养知识</td><td rowspan="6">4–2　人体必需的营养素</td><td rowspan="6">（1）蛋白质
（2）脂类
（3）碳水化合物
（4）维生素
（5）矿物质
（6）水</td><td rowspan="6">（1）六大营养素</td><td>1）蛋白质</td><td rowspan="6">（1）方法：讲授法
（2）重点与难点：各类营养素的生理功能、膳食来源及推荐摄入量</td><td rowspan="6">2</td></tr>
<tr><td>2）脂类</td></tr>
<tr><td>3）碳水化合物</td></tr>
<tr><td>4）维生素</td></tr>
<tr><td>5）矿物质</td></tr>
<tr><td>6）水</td></tr>
<tr><td rowspan="7">4–3　原料的营养价值</td><td rowspan="7">（1）谷类原料的营养价值
（2）豆类及其制品的营养价值
（3）果蔬类原料的营养价值
（4）畜禽肉类及其制品的营养价值
（5）水产类原料的营养价值
（6）奶类及其制品的营养价值
（7）蛋类及其制品的营养价值
（8）调味品及加工性原料的营养价值</td><td rowspan="3">（1）植物性原料营养价值</td><td>1）谷类</td><td rowspan="3">（1）方法：讲授法
（2）重点与难点：各类植物性原料的营养价值</td><td rowspan="3">1</td></tr>
<tr><td>2）豆类及其制品</td></tr>
<tr><td>3）果蔬类原料</td></tr>
<tr><td rowspan="4">（2）动物性原料营养价值</td><td>1）畜禽肉类</td><td rowspan="4">（1）方法：讲授法
（2）重点与难点：各类动物性原料的营养价值</td><td rowspan="4">1</td></tr>
<tr><td>2）水产类</td></tr>
<tr><td>3）奶类及其制品</td></tr>
<tr><td>4）蛋类及其制品</td></tr>
<tr><td rowspan="4">4–4　平衡膳食</td><td rowspan="4">（1）平衡膳食
（2）中国居民膳食指南</td><td rowspan="2">（1）平衡膳食</td><td>1）平衡膳食的概念</td><td rowspan="2">（1）方法：讲授法
（2）重点与难点：平衡膳食的具体要求</td><td rowspan="2">1</td></tr>
<tr><td>2）平衡膳食的要求</td></tr>
<tr><td rowspan="2">（2）中国居民膳食指南</td><td>1）一般人群膳食指南</td><td rowspan="2">（1）方法：讲授法
（2）重点与难点：中国居民平衡膳食宝塔</td><td rowspan="2">1</td></tr>
<tr><td>2）中国居民平衡膳食宝塔</td></tr>
</table>

续表

<table>
<tr><th colspan="3">2.1.1 职业基本素质培训要求</th><th colspan="4">2.2.1 职业基本素质培训课程规范</th></tr>
<tr><th>职业基本素质模块（模块）</th><th>培训内容（课程）</th><th>培训细目</th><th>学习单元</th><th>课程内容</th><th>培训建议</th><th>课堂学时</th></tr>
<tr><td rowspan="5">5．餐饮业成本核算</td><td rowspan="3">5–1 成本的计算</td><td rowspan="3">（1）净料成本的计算
（2）调味品成本的计算
（3）产品成本的计算</td><td rowspan="3">（1）成本的计算</td><td>1）净料成本的计算</td><td rowspan="3">（1）方法：讲授法、案例教学法、讨论法
（2）重点与难点：各类成本的计算</td><td rowspan="3">1</td></tr>
<tr><td>2）调味品成本的计算</td></tr>
<tr><td>3）产品成本的计算</td></tr>
<tr><td rowspan="2">5–2 毛利率的计算</td><td rowspan="2">（1）毛利率的计算
（2）产品价格的计算</td><td rowspan="2">（1）毛利率的计算</td><td>1）毛利率的计算</td><td rowspan="2">（1）方法：讲授法、案例教学法、讨论法
（2）重点与难点：毛利率的计算</td><td rowspan="2">1</td></tr>
<tr><td>2）产品价格的计算</td></tr>
<tr><td rowspan="5">6．相关法律、法规知识</td><td rowspan="3">6–1 法律知识</td><td rowspan="3">（1）《中华人民共和国劳动法》
（2）《中华人民共和国食品安全法》
（3）《中华人民共和国环境保护法》</td><td rowspan="3">（1）法律知识</td><td>1）《中华人民共和国劳动法》</td><td rowspan="3">（1）方法：讲授法、案例教学法
（2）重点与难点：中华人民共和国劳动法</td><td rowspan="3">1</td></tr>
<tr><td>2）《中华人民共和国食品安全法》</td></tr>
<tr><td>3）《中华人民共和国环境保护法》</td></tr>
<tr><td rowspan="2">6–2 法规知识</td><td rowspan="2">（1）《食品生产许可管理办法》
（2）《餐饮业和集体用餐配送单位卫生规范》</td><td rowspan="2">（1）法规知识</td><td>1）《食品生产许可管理办法》</td><td rowspan="2">（1）方法：讲授法、案例教学法
（2）重点与难点：食品生产许可管理办法</td><td rowspan="2">1</td></tr>
<tr><td>2）《餐饮业和集体用餐配送单位卫生规范》</td></tr>
<tr><td colspan="6">课堂学时合计</td><td>40</td></tr>
</table>

附录 2　初级职业技能培训要求与课程规范对照表

<table>
<tr><th colspan="4">2.1.2　初级职业技能培训要求</th><th colspan="4">2.2.2　初级职业技能培训课程规范</th></tr>
<tr><th>职业功能模块（模块）</th><th>工作内容（课程）</th><th>技能目标</th><th>培训细目</th><th>学习单元</th><th>课程内容</th><th>培训建议</th><th>课堂学时</th></tr>
<tr><td rowspan="3">1. 岗前准备</td><td rowspan="3">1-1　个人、环境及工具准备</td><td>1-1-1　能进行个人卫生整理、工服规范穿戴、仪容仪表自查</td><td>（1）个人卫生的整理
（2）个人工服的规范穿戴
（3）仪容仪表检查</td><td rowspan="3">（1）个人、环境及工具准备</td><td>1）个人准备
①个人卫生
②工服的穿戴
③仪容仪表
④熟悉工作任务</td><td rowspan="3">（1）方法：讲授法、演示法
（2）重点：工服穿戴、个人仪容仪表
（3）难点：各岗位工具准备</td><td rowspan="3">1</td></tr>
<tr><td>1-1-2　能进行环境准备</td><td>（1）环境卫生检查与准备</td><td>2）环境准备
①卫生检查
②安全检查
③环境问题</td></tr>
<tr><td>1-1-3　能进行厨房各岗位工具准备</td><td>（1）厨房各岗位工具准备
（2）盛具准备</td><td>3）工具准备
①各岗位工具准备
②各岗位配套盛具准备</td></tr>
<tr><td rowspan="7">2. 原料初加工</td><td rowspan="7">2-1　鲜活原料的初加工</td><td rowspan="3">2-1-1　能对果蔬类原料进行鉴别、选择及清洗整理等加工</td><td rowspan="3">（1）果蔬类原料品质鉴别、选择
（2）果蔬类原料的清洗整理</td><td rowspan="3">（1）果蔬类原料的清洗整理加工</td><td>1）果蔬原料初加工的质量要求</td><td rowspan="3">（1）方法：讲授法、演示法
（2）重点与难点：果蔬原料初加工实例</td><td rowspan="3">1</td></tr>
<tr><td>2）果蔬原料初加工的方法</td></tr>
<tr><td>3）果蔬原料初加工实例</td></tr>
<tr><td rowspan="4">2-1-2　能对家禽类原料进行清洗整理</td><td rowspan="4">（1）家禽的宰杀
（2）光禽原料择毛
（3）光禽原料内脏去除
（4）光禽原料清洗整理</td><td rowspan="4">（2）家禽类原料清洗整理</td><td>1）家禽初加工质量要求</td><td rowspan="4">（1）方法：讲授法、演示法
（2）重点：家禽开膛方法
（3）难点：家禽内脏加工</td><td rowspan="4">1</td></tr>
<tr><td>2）家禽开膛方法
①腹开
②背开
③腋开</td></tr>
<tr><td>3）家禽内脏加工
①肝
②心
③胗
④肠
⑤油脂</td></tr>
<tr><td>4）家禽洗涤
①除去绒毛、血污
②洗涤</td></tr>
</table>

续表

<table>
<tr><th colspan="4">2.1.2 初级职业技能培训要求</th><th colspan="4">2.2.2 初级职业技能培训课程规范</th></tr>
<tr><th>职业功能模块（模块）</th><th>工作内容（课程）</th><th>技能目标</th><th>培训细目</th><th>学习单元</th><th>课程内容</th><th>培训建议</th><th>课堂学时</th></tr>
<tr><td rowspan="9">2．原料初加工</td><td rowspan="2">2–1 鲜活原料的初加工</td><td rowspan="2">2–1–3 能对有鳞鱼类原料进行清洗整理</td><td rowspan="2">（1）有鳞鱼类宰杀
（2）有鳞鱼类清洗整理</td><td rowspan="2">（3）有鳞鱼类原料清洗整理</td><td>1）有鳞鱼类初加工质量要求</td><td rowspan="2">（1）方法：讲授法、讨论法、演示法
（2）重点：有鳞鱼类初加工步骤
（3）难点：开膛去内脏</td><td rowspan="2">1</td></tr>
<tr><td>2）有鳞鱼类初加工步骤
①刮鳞
②去鳃
③开膛去内脏
④洗涤</td></tr>
<tr><td rowspan="7">2–2 冷冻及加工性原料的初加工</td><td rowspan="2">2–2–1 能对冷冻原料进行解冻整理</td><td rowspan="2">（1）冷冻原料解冻处理
（2）解冻原料整理保管</td><td rowspan="2">（1）冷冻原料的初加工</td><td>1）冷冻原料的解冻
①自然解冻
②流水解冻
③加温解冻
④微波解冻</td><td rowspan="2">（1）方法：讲授法、演示法
（2）重点与难点：冷冻原料的解冻</td><td rowspan="2">1</td></tr>
<tr><td>2）冷冻原料解冻后的保管</td></tr>
<tr><td rowspan="5">2–2–2 能对干制食用菌类、干菜类等常见原料进行涨发加工</td><td rowspan="5">（1）干制食用菌类原料的涨发
（2）干菜类原料的涨发</td><td rowspan="5">（2）食用菌类、干菜类等常见的干制植物性原料涨发加工</td><td>1）干货原料概述</td><td rowspan="5">（1）方法：讲授法、演示法
（2）重点：水发的技术要求
（3）难点：植物性干货的水发实例</td><td rowspan="5">2</td></tr>
<tr><td>2）水发加工概述</td></tr>
<tr><td>3）水发的技术要求</td></tr>
<tr><td>4）水发加工的种类
①冷水发
②热水发</td></tr>
<tr><td>5）植物性干货水发实例
①木耳
②香菇
③莲子
④白果
⑤笋片、笋干</td></tr>
</table>

续表

<table>
<tr><td colspan="4">2.1.2　初级职业技能培训要求</td><td colspan="4">2.2.2　初级职业技能培训课程规范</td></tr>
<tr><td>职业功能模块（模块）</td><td>工作内容（课程）</td><td>技能目标</td><td>培训细目</td><td>学习单元</td><td>课程内容</td><td>培训建议</td><td>课堂学时</td></tr>
<tr><td rowspan="10">3．原料分档与切割</td><td rowspan="6">3-1　原料分割</td><td rowspan="4">3-1-1　能根据鸡、鸭等家禽类原料的部位特点进行分割、取料</td><td rowspan="4">（1）光鸡（鸭）的分割、取料
（2）鸡（鸭）腿的出肉加工</td><td rowspan="4">（1）分割取料概述</td><td>1）分割取料的定义</td><td rowspan="4">（1）方法：讲授法、演示法
（2）重点：分割取料的作用
（3）难点：分割取料在烹饪中的运用</td><td rowspan="4">1</td></tr>
<tr><td>2）分割取料的作用</td></tr>
<tr><td>3）分割取料的工具</td></tr>
<tr><td>4）分割取料在烹饪中的运用</td></tr>
<tr><td rowspan="2">3-1-2　能根据有鳞鱼类的部位特点进行分割、取料</td><td rowspan="2">（1）草鱼（鲢鱼、鲤鱼、黑鱼、鲈鱼、带鱼等）的分割、取料
（2）鳊鱼（多宝鱼、鲳鱼等）的分割、取料</td><td rowspan="2">（2）家禽、鱼类的分割、取料</td><td>1）家禽原料分割取料
①家禽原料分割取料的各部位名称及品质特点
②家禽原料分割取料的方法</td><td rowspan="2">（1）方法：讲授法、演示法
（2）重点：家禽原料分割取料的各部位名称及品质特点
（3）难点：家禽、鱼类原料分割取料的方法</td><td rowspan="2">2</td></tr>
<tr><td>2）鱼类原料分割取料
①鱼类原料分割取料的各部位名称及品质特点
②鱼类原料分割取料的方法</td></tr>
<tr><td rowspan="4">3-2　原料切割成形</td><td rowspan="4">3-2-1　能将植物原料切割成烹调所需的各种标准形状</td><td rowspan="4">（1）将植物性原料切成块
（2）将植物性原料切成段
（3）将植物性原料切成条
（4）将植物性原料切成丁
（5）将植物性原料切成片
（6）将植物性原料切成丝
（7）将植物性原料切成粒
（8）将植物性原料切成末</td><td rowspan="2">（1）刀工基础</td><td>1）刀工及刀法</td><td rowspan="2">（1）方法：讲授法、演示法
（2）重点：刀工的作用
（3）难点：各种刀法的操作关键</td><td rowspan="2">1</td></tr>
<tr><td>2）各种刀法的操作方法及关键</td></tr>
<tr><td rowspan="2">（2）植物性原料切割</td><td>1）植物性原料料形的切割规格及技术要求</td><td rowspan="2">（1）方法：讲授法、演示法、实训法
（2）重点与难点：植物性原料料形的切割规格及技术要求</td><td rowspan="2">4</td></tr>
<tr><td>2）植物性原料料形在烹饪中的运用</td></tr>
</table>

续表

2.1.2 初级职业技能培训要求				2.2.2 初级职业技能培训课程规范			
职业功能模块（模块）	工作内容（课程）	技能目标	培训细目	学习单元	课程内容	培训建议	课堂学时
3. 原料分档与切割	3-2 原料切割成形	3-2-2 能将动物原料切割成烹调所需的各种标准形状	(1) 将动物性原料切成块 (2) 将动物性原料切成段 (3) 将动物性原料切成条 (4) 将动物性原料切成丁 (5) 将动物性原料切成片 (6) 将动物性原料切成丝	(3) 动物性原料切割	1) 动物性原料料形的切割规格及技术要求 2) 动物性原料料形在烹饪中的运用	(1) 方法：讲授法、演示法、实训法 (2) 重点与难点：各种动物性原料料形在烹饪中的运用	4
	3-3 菜肴组配	3-3-1 能根据菜肴规格配制常见的基础菜肴	(1) 配制“红烧豆腐” (2) 配制“土豆烧牛肉” (3) 配制“三色鸡片” (4) 配制“烧溜鱼条” (5) 配制“滑炒三丁” (6) 配制“青椒鱼片”	(1) 常见菜肴组配	1) 菜肴组配概述 2) 菜肴组配的方法 3) 典型菜例	(1) 方法：讲授法、演示法 (2) 重点与难点：菜肴组配的方法	1
		3-3-2 能根据菜肴品种选用盛器	(1) 选用“炖”菜盛器 (2) 选用“烩”菜盛器 (3) 选用“炒”菜盛器 (4) 选用“烧”菜盛器 (5) 选用“煮”菜盛器 (6) 选用“蒸”菜盛器 (7) 选用“炸”菜盛器	(2) 菜肴盛器知识	1) 热菜常用盛器的种类 2) 热菜盛器选用原则 3) 盛器选用实例	(1) 方法：讲授法、演示法 (2) 重点：热菜常用餐具的种类 (3) 难点：热菜常用餐具的维护与保养	1

续表

<table>
<tr><th colspan="4">2.1.2 初级职业技能培训要求</th><th colspan="4">2.2.2 初级职业技能培训课程规范</th></tr>
<tr><th>职业功能模块（模块）</th><th>工作内容（课程）</th><th>技能目标</th><th>培训细目</th><th>学习单元</th><th>课程内容</th><th>培训建议</th><th>课堂学时</th></tr>
<tr><td rowspan="8">4. 原料预制与预制加工处理</td><td rowspan="4">4-1 着衣处理</td><td rowspan="2">4-1-1 能对原料进行直接拍粉处理</td><td rowspan="2">（1）选择粉料
（2）对原料进行拍粉处理</td><td rowspan="4">（1）拍粉与拖蛋液、拍粉</td><td>1）预制加工概述</td><td rowspan="4">（1）方法：讲授法、演示法
（2）重点与难点：拍粉的操作</td><td rowspan="4">1</td></tr>
<tr><td>2）着衣概述
①着衣的定义
②着衣的作用
③着衣的种类</td></tr>
<tr><td rowspan="2">4-1-2 能对原料进行拖蛋液、拍粉处理</td><td rowspan="2">（1）原料拖蛋液
（2）原料拖蛋液后拍粉</td><td>3）拍粉
①拍粉的操作方法
②粉料的选择
③拍粉适用的菜肴</td></tr>
<tr><td>4）拖蛋液、拍粉
①拖蛋液、拍粉的操作方法
②粉料的选择
③拖蛋液、拍粉适用的菜肴</td></tr>
<tr><td rowspan="4">4-2 调味处理</td><td rowspan="2">4-2-1 能对动物性原料进行腌制处理</td><td rowspan="2">（1）选择腌制调味品
（2）对动物性原料进行腌制处理</td><td rowspan="2">（1）调味基础</td><td>1）调味概述
2）味觉的定义（味和味觉）</td><td rowspan="2">（1）方法：讲授法
（2）重点：预制复合调味品的种类
（3）难点：味觉的基础知识</td><td rowspan="2">1</td></tr>
<tr><td>3）单一味和复合味
4）味觉的现象</td></tr>
<tr><td rowspan="2">4-2-2 能调制咸鲜味、咸甜味、咸香味等味汁</td><td rowspan="2">（1）调制咸鲜味汁
（2）调制咸甜味汁
（3）调制咸香味汁</td><td rowspan="2">（2）动物性原料的腌制处理</td><td>1）腌制概述
①腌制的定义
②腌制的作用</td><td rowspan="2">（1）方法：讲授法
（2）重点与难点：动物性原料腌制的操作</td><td rowspan="2">1</td></tr>
<tr><td>2）动物性原料腌制
①动物性原料腌制的方法
②动物性原料腌制的一般原则</td></tr>
</table>

续表

<table>
<tr><th colspan="4">2.1.2 初级职业技能培训要求</th><th colspan="4">2.2.2 初级职业技能培训课程规范</th></tr>
<tr><th>职业功能模块（模块）</th><th>工作内容（课程）</th><th>技能目标</th><th>培训细目</th><th>学习单元</th><th>课程内容</th><th>培训建议</th><th>课堂学时</th></tr>
<tr><td rowspan="5">4．原料预制与预制加工处理</td><td rowspan="3">4–2 调味处理</td><td rowspan="3">4–2–2 能调制咸鲜味、咸甜味、咸香味等味汁</td><td rowspan="3">（1）调制咸鲜味汁
（2）调制咸甜味汁
（3）调制咸香味汁</td><td rowspan="3">（3）调制味汁</td><td>1）咸鲜味汁
①味汁特点
②调味品种类
③调制方法
④调制注意事项
⑤味汁变化
⑥典型菜例</td><td rowspan="3">（1）方法：讲授法、演示法、实训法
（2）重点：三种味汁的调制方法
（3）难点：三种味汁调制的变化</td><td rowspan="3">4</td></tr>
<tr><td>2）咸甜味汁
①味汁特点
②调味品种类
③调制方法
④调制注意事项
⑤味汁变化
⑥典型菜例</td></tr>
<tr><td>3）咸香味汁
①味汁特点
②调味品种类
③调制方法
④调制注意事项
⑤味汁变化
⑥典型菜例</td></tr>
<tr><td rowspan="2">4–3 预熟处理</td><td>4–3–1 能对原料进行冷水锅预熟处理</td><td>（1）对原料进行冷水锅预熟处理</td><td rowspan="2">（1）焯水预熟处理</td><td>1）冷水锅预熟处理</td><td rowspan="2">（1）方法：讲授法
（2）重点：冷水锅、热水锅预熟处理的操作
（3）难点：适合冷水锅、热水锅预熟处理的烹饪原料选择</td><td rowspan="2">1</td></tr>
<tr><td>4–3–2 能对原料进行热水锅预熟处理</td><td>（1）对原料进行热水锅预熟处理</td><td>2）热水锅预熟处理</td></tr>
<tr><td rowspan="4">5．菜肴制作</td><td rowspan="4">5–1 临灶操作</td><td rowspan="4">5–1–1 能掌握正确的操作姿势</td><td rowspan="4">（1）临灶操作准备
（2）临灶姿势</td><td rowspan="4">（1）临灶操作概述</td><td>1）临灶操作准备</td><td rowspan="4">（1）方法：讲授法、演示法
（2）重点：临灶姿势
（3）难点：火力的识别</td><td rowspan="4">1</td></tr>
<tr><td>2）临灶姿势</td></tr>
<tr><td>3）火力的识别和调控</td></tr>
<tr><td>4）油温的掌握</td></tr>
</table>

续表

2.1.2 初级职业技能培训要求				2.2.2 初级职业技能培训课程规范			
职业功能模块（模块）	工作内容（课程）	技能目标	培训细目	学习单元	课程内容	培训建议	课堂学时
5. 菜肴制作	5-1 临灶操作	5-1-2 能识别火力和掌握油温	(1) 识别及调控火力 (2) 识别及掌握油温	(2) 调味	1) 调味的原则 2) 调味的时机 ①加热前调味 ②加热中调味 ③加热后调味 3) 调味的方法 4) 调味的运用	(1) 方法：讲授法、演示法 (2) 重点：调味的原则 (3) 难点：调味的方法	1
		5-1-3 能掌握菜肴的调味	(1) 加热前的调味 (2) 加热中的调味 (3) 加热后的调味				
		5-1-4 能基本掌握勺工技术	(1) 掌握勺工姿势 (2) 掌握勺工技法	(3) 勺功技术	1) 握勺 2) 晃勺 3) 翻勺 4) 出勺	(1) 方法：讲授法、演示法 (2) 重点：翻勺 (3) 难点：大翻勺	2
	5-2 热菜制作	5-2-1 能基本掌握以水为传热介质的烹调方法	(1) 制作西红柿鸡蛋汤等菜肴 (2) 制作余肉丸子等菜肴 (3) 制作红烧肉等菜肴	(1) 以水为传热介质的烹调方法	1) 煮 ①煮的概念 ②煮的工艺流程 ③煮的技术关键 ④菜肴实例 2) 余 ①余的概念 ②余的工艺流程 ③余的技术关键 ④菜肴实例 3) 烧 ①烧的概念 ②烧的工艺流程 ③烧的技术关键 ④菜肴实例	(1) 方法：讲授法、演示法 (2) 重点：不同烹调方法 (3) 难点：代表菜例的掌握	6

续表

2.1.2 初级职业技能培训要求				2.2.2 初级职业技能培训课程规范			
职业功能模块（模块）	工作内容（课程）	技能目标	培训细目	学习单元	课程内容	培训建议	课堂学时
5．菜肴制作	5-2 热菜制作	5-2-2 能基本掌握以油为传热介质的烹调方法	（1）制作炸鸡翅等菜肴 （2）制作炒土豆丝等菜肴	（2）以油为传热介质的烹调方法	1）炸 ①炸的概念 ②炸的工艺流程 ③炸的技术关键 ④菜肴实例	（1）方法：讲授法、演示法 （2）重点：不同烹调方法 （3）难点：代表菜例的掌握	8
					2）炒 ①炒的概念 ②炒的工艺流程 ③炒的技术关键 ④菜肴实例		
		5-2-3 能基本掌握以汽为传热介质的烹调方法	（1）制作粉蒸肉等菜肴 （2）制作蒸排骨等菜肴 （3）制作清蒸鱼等菜肴	（3）以汽为传热介质的烹调方法	1）蒸 ①蒸的概念 ②蒸的工艺流程 ③蒸的技术关键 ④菜肴实例	（1）方法：讲授法、演示法 （2）重点：蒸的技术关键 （3）难点：蒸的火候	2
	5-3 冷菜制作	5-3-1 能运用炝、拌、腌等常见烹调方法制作冷制冷食菜肴	（1）制作炝莴笋等菜肴 （2）制作拌芹菜等菜肴 （3）制作腌萝卜等菜肴	（1）冷制冷食菜肴的制作	1）拌 ①拌的概念 ②拌的工艺流程 ③拌的技术关键 ④拌的菜肴实例	（1）方法：讲授法、演示法 （2）重点：不同烹调方法 （3）难点：代表菜例的掌握	3
					2）炝 ①炝的概念 ②炝的工艺流程 ③炝的技术关键 ④菜肴实例		
					3）腌 ①腌的概念 ②腌的工艺流程 ③腌的技术关键 ④菜肴实例		
		5-3-2 能进行单一主料冷菜的拼摆及成形	（1）拼摆宝塔形冷菜 （2）拼摆馒头形冷菜	（2）单一主料冷菜的拼摆及成形	1）拼摆宝塔形冷菜	（1）方法：讲授法、演示法 （2）重点：拼摆的手法 （3）难点：刀工成形	4
					2）拼摆馒头形冷菜		
课堂学时合计							56

附录 3 中级职业技能培训要求与课程规范对照表

2.1.3 中级职业技能培训要求				2.2.3 中级职业技能培训课程规范			
职业功能模块（模块）	培训内容（课程）	技能目标	培训细目	学习单元	课程内容	培训建议	课堂学时
1. 原料初加工	1-1 鲜活原料的初加工	1-1-1 能对动物性鲜活原料进行品质鉴别	(1) 畜类（猪、牛、羊）原料的品质鉴别 (2) 禽类（鸡、鸭）原料的品质鉴别 (3) 水产品(鱼、虾、蟹、贝类) 原料的品质鉴别	(1) 动物性鲜活原料品质鉴别	1) 动物性鲜活原料的品质鉴别 ①家畜原料的品质鉴别 ②家禽原料的品质鉴别 ③水产品原料的品质鉴别	(1) 方法：讲授法、演示法、讨论法 (2) 重点与难点：动物性鲜活原料的品质鉴别	1
		1-1-2 能对家畜类的头、蹄、尾部及内脏原料进行清洗整理	(1) 家畜类头的清洗整理 (2) 家畜类蹄的清洗整理 (3) 家畜类尾部的清洗整理 (4) 家畜类内脏的清洗整理	(2) 家畜类的头、蹄、尾部及内脏原料清洗整理	1) 家畜类原料清理加工技术要求 2) 家畜初加工的常用方法 3) 家畜类的头、蹄、尾部加工 ①猪头 ②猪蹄 ③猪尾 4) 家畜内脏原料初加工 ①猪腰 ②猪肠 ③猪肚 ④猪肺 ⑤猪舌 ⑥猪脑	(1) 方法：讲授法、演示法、讨论法 (2) 重点与难点：家畜类的头、蹄、尾及内脏原料的初加工	1
		1-1-3 能对无鳞鱼类原料进行清洗整理	(1) 鲶鱼的清洗整理 (2) 鳝鱼的清洗整理 (3) 青占鱼的清洗整理	(3) 无鳞鱼类原料清洗整理	1) 无鳞鱼类原料初加工技术要求 2) 无鳞鱼类原料初加工步骤 3) 无鳞鱼类原料的加工实例 ①黄鳝的初加工 ②鳝片、鳝丝的加工	(1) 方法：讲授法、讨论法、演示法 (2) 重点：无鳞鱼类原料初加工步骤 (3) 难点：黄鳝的初步加工	2

续表

2.1.3　中级职业技能培训要求				2.2.3　中级职业技能培训课程规范			
职业功能模块（模块）	培训内容（课程）	技能目标	培训细目	学习单元	课程内容	培训建议	课堂学时
1．原料初加工	1-2　加工性原料的初加工	1-2-1　能对加工性原料进行品质鉴别	（1）腌制类原料的品质鉴别 （2）酱制类原料的品质鉴别 （3）熏制类原料的品质鉴别 （4）干制类原料的品质鉴别	（1）加工性原料的品质鉴别	1）腌制类原料的品质鉴别 2）酱制类原料的品质鉴别 3）熏制类原料的品质鉴别 4）干制类原料的品质鉴别	（1）方法：讲授法、演示法、讨论法 （2）重点：干制类原料的品质鉴别 （3）难点：加工性原料的品质鉴别	1
		1-2-2　能对蹄筋、肉皮等干料进行涨发加工	（1）蹄筋的涨发加工 （2）肉皮的涨发加工	（2）蹄筋、肉皮等干料涨发加工	1）油发加工的概念 2）油发的技术要求 3）动物性干制原料的油发 ①蹄筋的油发 ②肉皮的油发	（1）方法：讲授法、演示法、讨论法 （2）重点与难点：动物性干制原料的油发	1
2．原料分档与切割	2-1　原料分割	2-1-1　能根据家畜类原料的部位特点进行分割、取料	（1）对带骨猪肉的分割、剔骨加工 （2）对带骨牛肉的分割、剔骨加工 （3）对带骨羊肉的分割、剔骨加工	（1）家畜类原料的分割、取料	1）家畜原料分割取料的要求 2）家畜原料分割取料的各部位名称及品质特点 3）家畜原料分割取料的方法	（1）方法：讲授法 （2）重点：家畜原料分割取料的各部位名称及品质特点 （3）难点：家畜原料分割取料的方法	1
		2-1-2　能根据无鳞鱼类原料的品种及部位特点进行分割、取料	（1）对鳝鱼的分割、取料 （2）对鲶鱼的分割、取料 （3）对鳗鱼的分割、取料	（2）无鳞鱼类原料的分割、取料	1）鳝鱼的分割、取料 2）鲶鱼的分割、取料 3）鳗鱼的分割、取料	（1）方法：讲授法 （2）重点与难点：鳝鱼的分割、取料	1

续表

<table>
<tr><th colspan="4">2.1.3　中级职业技能培训要求</th><th colspan="4">2.2.3　中级职业技能培训课程规范</th></tr>
<tr><th>职业功能模块（模块）</th><th>培训内容（课程）</th><th>技能目标</th><th>培训细目</th><th>学习单元</th><th>课程内容</th><th>培训建议</th><th>课堂学时</th></tr>
<tr><td rowspan="6">2. 原料分档与切割</td><td rowspan="6">2-2　原料切割成形</td><td rowspan="3">2-2-1　能根据菜肴要求将动物性原料切割成丝、麦穗花刀等形状</td><td rowspan="3">（1）将动物性原料切成丝（猪里脊肉、牛里脊肉、鱼肉等）
（2）将动物性原料切成麦穗花刀（鱿鱼、猪腰、墨鱼等）
（3）将动物性原料切成菊花花刀（鸭胗、鱼肉、猪里脊肉等）</td><td rowspan="3">（1）剞刀工艺</td><td>1）剞刀法概述</td><td rowspan="3">（1）方法：讲授法、演示法、实训法
（2）重点：各种剞刀法的成形规格标准
（3）难点：各种剞刀法的操作关键</td><td rowspan="3">2</td></tr>
<tr><td>2）剞刀法的操作关键</td></tr>
<tr><td>3）剞刀法实例
①植物性原料
②动物性原料</td></tr>
<tr><td rowspan="2">2-2-2　能根据菜肴要求将植物性原料切割成兰花花刀等形状</td><td rowspan="2">（1）将植物性原料切成兰花花刀（黄瓜、莴笋等）
（2）将植物性原料切成蓑衣花刀（黄瓜、香干等）
（3）将植物性原料切成玉翅花刀（黄瓜、萝卜等）</td><td rowspan="3">（2）食品雕刻工艺</td><td>1）食品雕刻概述</td><td rowspan="3">（1）方法：讲授法、演示法、实训法
（2）重点：各种常见花形的成形规格标准
（3）难点：雕刻各种基础花形的操作关键</td><td rowspan="3">4</td></tr>
<tr><td>2）食品雕刻的操作关键</td></tr>
<tr><td>2-2-3　能根据菜肴要求将植物性原料雕刻成花卉等形状</td><td>（1）将植物性原料雕刻成月季花（胡萝卜、白萝卜、心里美萝卜等）
（2）将植物性原料雕刻成菊花（白菜、白萝卜、心里美萝卜等）
（3）将植物性原料雕刻成白莲花（胡萝卜、白萝卜、心里美萝卜等）</td><td>3）食品雕刻实例
①月季花
②菊花
③白莲花</td></tr>
</table>

续表

2.1.3 中级职业技能培训要求				2.2.3 中级职业技能培训课程规范			
职业功能模块（模块）	培训内容（课程）	技能目标	培训细目	学习单元	课程内容	培训建议	课堂学时
2. 原料分档与切割	2-3 菜肴组配	2-3-1 能根据原料的质地、色彩、形态要求，进行主、配料的搭配组合	(1) 配制“双色芙蓉蛋” (2) 配制“彩色鱼米” (3) 配制“三丝豆腐羹” (4) 配制“油爆双脆” (5) 配制“宫保鸡丁”	(1) 多种原料菜肴组配	1) 多种原料菜肴组配的特点	(1) 方法：讲授法 (2) 重点：原料质地、色彩、形态的组配要求 (3) 难点：多种原料菜肴组配的方法	1
					2) 原料质地、色彩、形态的组配要求		
					3) 多种原料菜肴组配的方法		
					4) 典型菜例		
		2-3-2 能运用排、扣、贴等手法组配花式菜肴	(1) 组配“火腿蒸瓜脯” (2) 组配“干菜扣肉” (3) 组配“锅贴鱼片”	(2) 基础花式菜肴组配	1) 基础花式菜肴的组配原则	(1) 方法：讲授法 (2) 重点：花式菜肴的组配原则 (3) 难点：花式菜肴组配的手法	1
					2) 花式菜肴组配的手法 ①排 ②扣 ③贴		
3. 原料预制与预制加工处理	3-1 着衣处理	3-1-1 能调制水粉浆、蛋清浆等，并能选择合适的浆液对原料进行上浆处理	(1) 对肉片进行水粉浆的上浆 (2) 对鱼片进行蛋清浆的上浆	(1) 浆、糊的调制	1) 上浆、挂糊概述 ①上浆、挂糊的定义 ②上浆、挂糊的作用 ③上浆、挂糊的注意事项	(1) 方法：讲授法 (2) 重点：水粉浆、全蛋糊的调制 (3) 难点：水粉浆的上浆、全蛋糊挂糊干稀厚薄的鉴别	2
		3-1-2 能调制全蛋糊、蛋清糊、蛋黄糊等，并能根据原料要求选择合适的糊进行挂糊处理	(1) 对肉片进行全蛋糊的挂糊 (2) 对鱼条进行蛋清糊的挂糊 (3) 对鱼片进行蛋黄糊的挂糊		2) 浆的种类 ①水粉浆 ②蛋清浆		
					3) 糊的种类 ①全蛋糊 ②蛋黄糊 ③蛋清糊 ④脆浆糊		

续表

2.1.3 中级职业技能培训要求				2.2.3 中级职业技能培训课程规范			
职业功能模块（模块）	培训内容（课程）	技能目标	培训细目	学习单元	课程内容	培训建议	课堂学时
3．原料预制与预制加工处理	3-2 调味、调色处理	3-2-1 能调制酸甜味、麻辣味等味汁	（1）调制“酸甜味汁” （2）调制“麻辣味汁” （3）调制“鱼香味汁” （4）调制“酸辣味汁”	（1）调味	1）酸甜味汁 ①味汁特点 ②调味品种类 ③调制方法 ④调制注意事项 ⑤味汁变化 ⑥典型菜例 2）麻辣味汁 ①味汁特点 ②调味品种类 ③调制方法 ④调制注意事项 ⑤味汁变化 ⑥典型菜例 3) 鱼香味汁 ①味汁特点 ②调味品种类 ③调制方法 ④调制注意事项 ⑤味汁变化 ⑥典型菜例 4) 酸辣味汁 ①味汁特点 ②调味品种类 ③调制方法 ④调制注意事项 ⑤味汁变化 ⑥典型菜例	（1）方法：讲授法、演示法、实训法 （2）重点：五种味汁的调制 （3）难点：五种味汁调制的变化	6
		3-2-2 能运用调料对原料进行调色处理	（1）用酱油调色 （2）用糖调色 （3）用咖喱调色 （4）用番茄酱调色 （5）用辣椒酱调色	（2）调色	1）调色概述 2）调料调色 ①用酱油调色 ②用糖调色 ③用咖喱调色 ④用番茄酱调色 ⑤用辣椒酱调色	（1）方法：讲授法 （2）重点与难点：酱油的调色	1

续表

<table>
<tr><th colspan="4">2.1.3　中级职业技能培训要求</th><th colspan="4">2.2.3　中级职业技能培训课程规范</th></tr>
<tr><th>职业功能模块（模块）</th><th>培训内容（课程）</th><th>技能目标</th><th>培训细目</th><th>学习单元</th><th>课程内容</th><th>培训建议</th><th>课堂学时</th></tr>
<tr><td rowspan="6">3．原料预制与预制加工处理</td><td rowspan="6">3-3　预熟处理</td><td rowspan="4">3-3-1　能对原料进行过油、走红预熟处理</td><td rowspan="4">（1）肉片的滑油处理
（2）排骨的走油处理
（3）熟五花肉的过油走红处理
（4）猪大肠的卤汁走红处理</td><td rowspan="2">（1）过油预熟处理</td><td>1）过油预熟处理概述</td><td rowspan="2">（1）方法：讲授法
（2）重点与难点：滑油与走油的操作要领</td><td rowspan="2">1</td></tr>
<tr><td>2）过油的种类
①滑油
②走油</td></tr>
<tr><td rowspan="2">（2）走红预熟处理</td><td>1）走红预熟处理概述</td><td rowspan="2">（1）方法：讲授法
（2）重点与难点：过油走红与卤汁走红的操作要领</td><td rowspan="2">1</td></tr>
<tr><td>2）走红的种类
①过油走红
②卤汁走红</td></tr>
<tr><td rowspan="2">3-3-2　能制作基础汤</td><td rowspan="2">（1）制作基础汤</td><td rowspan="2">（3）制汤</td><td>1）制汤概述
①制汤的定义
②汤的作用
③汤的种类</td><td rowspan="2">（1）方法：讲授法
（2）重点与难点：基础汤制作方法</td><td rowspan="2">1</td></tr>
<tr><td>2）制作基础汤</td></tr>
<tr><td rowspan="6">4．菜肴制作</td><td rowspan="6">4-1　临灶操作</td><td rowspan="3">4-1-1　能掌握火候</td><td rowspan="3">（1）控制火力与加热时间
（2）控制原料的成熟度</td><td rowspan="3">（1）火候概述</td><td>1）火候的概念</td><td rowspan="3">（1）方法：讲授法、演示法
（2）重点：火候的要素
（3）难点：火力调控</td><td rowspan="3">1</td></tr>
<tr><td>2）火候的要素</td></tr>
<tr><td>3）火候的运用</td></tr>
<tr><td rowspan="3">4-1-2　能掌握勾芡</td><td rowspan="3">（1）调制兑汁芡
（2）调制跑马芡</td><td rowspan="3">（2）勾芡技术</td><td>1）勾芡的作用</td><td rowspan="3">（1）方法：讲授法、演示法
（2）重点：勾芡的方法
（3）难点：勾芡的技术关键</td><td rowspan="3">1</td></tr>
<tr><td>2）勾芡的方法
①兑汁芡
②跑马芡</td></tr>
<tr><td>3）勾芡的技术要求</td></tr>
</table>

续表

2.1.3　中级职业技能培训要求				2.2.3　中级职业技能培训课程规范			
职业功能模块（模块）	培训内容（课程）	技能目标	培训细目	学习单元	课程内容	培训建议	课堂学时
4．菜肴制作	4-2　热菜制作	4-2-1　能掌握以水为传热介质的烹调方法	（1）制作烩三丝等菜肴 （2）制作黄焖鸡翅等菜肴	（1）以水为传热介质的烹调方法	1）烩 ①烩的概念 ②烩的类型 ③烩的工艺流程 ④烩的技术关键 ⑤菜肴实例 2）焖 ①焖的概念 ②焖的类型 ③焖的工艺流程 ④焖的技术关键 ⑤菜肴实例 3) 涮 ①涮的概念 ②涮的工艺流程 ③涮的技术关键 ④菜肴实例	（1）方法：讲授法、演示法 （2）重点：不同烹调方法 （3）难点：代表菜例的掌握	6
		4-2-2　能掌握以油为传热介质的烹调方法	（1）制作熘鱼片等菜肴 （2）制作爆鱿鱼卷等菜肴 （3）制作煎肉饼等菜肴	（2）以油为传热介质的烹调方法	1）熘 ①熘的概念 ②熘的类型 ③熘的工艺流程 ④熘的技术关键 ⑤菜肴实例 2）爆 ①爆的概念 ②爆的类型 ③爆的工艺流程 ④爆的技术关键 ⑤菜肴实例 3）煎 ①煎的概念 ②煎的工艺流程 ③煎的技术关键 ④煎的成菜特点 ⑤菜肴实例	（1）方法：讲授法、演示法 （2）重点：不同烹调方法 （3）难点：代表菜例的掌握	6

续表

<table>
<tr><th colspan="4">2.1.3 中级职业技能培训要求</th><th colspan="4">2.2.3 中级职业技能培训课程规范</th></tr>
<tr><th>职业功能模块（模块）</th><th>培训内容（课程）</th><th>技能目标</th><th>培训细目</th><th>学习单元</th><th>课程内容</th><th>培训建议</th><th>课堂学时</th></tr>
<tr><td rowspan="7">4．菜肴制作</td><td rowspan="2">4–2 热菜制作</td><td>4–2–2 能掌握以油为传热介质的烹调方法</td><td>（4）制作炒青椒肉丝等菜肴</td><td>（2）以油为传热介质的烹调方法</td><td>4）炒
①炒的概念
②炒的类型
③炒的工艺流程
④炒的技术关键
⑤菜肴实例</td><td></td><td></td></tr>
<tr><td>4–2–3 能掌握以汽为传热介质的烹调方法</td><td>（1）制作蒸水蛋等菜肴
（2）制作蒸芙蓉等菜肴</td><td>（3）以汽为传热介质的烹调方法</td><td>1）蒸
①蒸的概念
②蒸的类型
③蒸的工艺流程
④蒸的技术关键
⑤菜肴实例</td><td>（1）方法：讲授法、演示法
（2）重点：蒸的类型
（3）难点：蒸的火候</td><td>2</td></tr>
<tr><td rowspan="5">4–3 冷菜制作</td><td rowspan="2">4–3–1 能运用酱、卤等烹调方法制作热制冷食菜肴</td><td rowspan="2">（1）制作酱牛肉等菜肴
（2）制作卤肉等菜肴</td><td rowspan="2">（1）热制冷食菜肴的制作</td><td>1）酱
①酱的概念
②酱的工艺流程
③酱的技术关键
④菜肴实例</td><td rowspan="2">（1）方法：讲授法、演示法
（2）重点：不同烹调方法
（3）难点：代表菜例的掌握</td><td rowspan="2">6</td></tr>
<tr><td>2）卤
①卤的概念
②卤的工艺流程
③卤的技术关键
④菜肴实例</td></tr>
<tr><td rowspan="3">4–3–2 能制作拼盘</td><td rowspan="3">（1）制作双拼拼盘
（2）制作三拼拼盘
（3）制作什锦拼盘</td><td rowspan="3">（2）拼盘的制作</td><td>1）拼盘概述</td><td rowspan="3">（1）方法：讲授法、演示法
（2）重点：拼摆的手法
（3）难点：刀工成形</td><td rowspan="3">6</td></tr>
<tr><td>2）拼盘的技术关键</td></tr>
<tr><td>3）拼盘的制作
①双拼的制作
②三拼的制作
③什锦拼盘的制作</td></tr>
<tr><td colspan="7">课堂学时合计</td><td>56</td></tr>
</table>

附录 4　高级职业技能培训要求与课程规范对照表

<table>
<tr><th colspan="4">2.1.4　高级职业技能培训要求</th><th colspan="4">2.2.4　高级职业技能培训课程规范</th></tr>
<tr><th>职业功能模块（模块）</th><th>培训内容（课程）</th><th>技能目标</th><th>培训细目</th><th>学习单元</th><th>课程内容</th><th>培训建议</th><th>课堂学时</th></tr>
<tr><td rowspan="11">1．原料初加工</td><td rowspan="7">1–1　鲜活原料的初加工</td><td rowspan="4">1–1–1　能对贝类、爬行类、软体类原料进行清洗整理</td><td rowspan="4">（1）贝类原料的清洗整理
（2）爬行类原料的清洗整理
（3）软体类原料清洗整理</td><td rowspan="4">（1）贝类、爬行类、软体类原料清洗整理</td><td>1）贝类、爬行类、软体类原料加工技术要求</td><td rowspan="4">（1）方法：讲授法、演示法、讨论法
（2）重点：贝类原料、软体类原料的加工
（3）难点：爬行类原料的加工</td><td rowspan="4">2</td></tr>
<tr><td>2）贝类原料的加工
①江珧的加工
②扇贝的加工
③牡蛎的加工
④河蚌的加工</td></tr>
<tr><td>3）爬行类原料的加工
①甲鱼的加工
②乌龟的加工</td></tr>
<tr><td>4）软体类原料的加工
①乌贼的加工
②鱿鱼的加工
③鲍鱼的加工
④海螺的加工
⑤田螺的加工</td></tr>
<tr><td rowspan="3">1–1–2　能对虾、蟹类原料进行清洗整理</td><td rowspan="3">（1）虾类原料的清洗整理
（2）蟹类原料的清洗整理</td><td rowspan="3">（2）虾蟹类原料清洗整理</td><td>1）虾、蟹类原料的加工技术要求</td><td rowspan="3">（1）方法：讲授法、讨论法、演示法、
（2）重点：虾、蟹类原料的加工技术要求
（3）难点：虾、蟹类原料的加工</td><td rowspan="3">1</td></tr>
<tr><td>2）虾类原料的加工
①龙虾的加工
②对虾的加工</td></tr>
<tr><td>3）蟹类原料的加工
①梭子蟹的加工
②青蟹的加工</td></tr>
<tr><td rowspan="4">1–2　加工性原料的初加工</td><td rowspan="4">1–2–1　能对干制鱿鱼、墨鱼等进行涨发加工</td><td rowspan="4">（1）干制鱿鱼的涨发
（2）墨鱼的涨发</td><td rowspan="4">（1）干制鱿鱼、墨鱼等涨发加工</td><td>1）碱发的概念</td><td rowspan="4">（1）方法：讲授法、讨论法、演示法
（2）重点与难点：干制鱿鱼、墨鱼涨发加工</td><td rowspan="4">1</td></tr>
<tr><td>2）碱发的原理</td></tr>
<tr><td>3）动物性原料的碱发方法及技术要求</td></tr>
<tr><td>4）干制鱿鱼、墨鱼的涨发加工</td></tr>
</table>

续表

<table>
<tr><th colspan="4">2.1.4 高级职业技能培训要求</th><th colspan="4">2.2.4 高级职业技能培训课程规范</th></tr>
<tr><th>职业功能模块（模块）</th><th>培训内容（课程）</th><th>技能目标</th><th>培训细目</th><th>学习单元</th><th>课程内容</th><th>培训建议</th><th>课堂学时</th></tr>
<tr><td rowspan="4">1. 原料初加工</td><td rowspan="4">1-2 加工性原料的初加工</td><td rowspan="4">1-2-2 能对干制鱼肚等进行涨发加工</td><td rowspan="4">（1）鱼肚的涨发</td><td rowspan="4">（2）干制鱼肚、干贝等涨发加工</td><td>1）鱼肚涨发的技术要求</td><td rowspan="4">（1）方法：讲授法、讨论法、演示法
（2）重点与难点：鱼肚的涨发</td><td rowspan="4">1</td></tr>
<tr><td>2）鱼肚的涨发</td></tr>
<tr><td>3）干贝涨发的技术要求</td></tr>
<tr><td>4）干贝的涨发</td></tr>
<tr><td rowspan="6">2. 原料分档与切割</td><td rowspan="3">2-1 原料分割</td><td rowspan="3">2-1-1 能对整形原料进行脱骨处理</td><td rowspan="3">（1）对整鸡（鸭）的脱骨处理
（2）对整鱼的脱骨处理</td><td rowspan="3">（1）整料脱骨</td><td>1）整料脱骨概述
①整料脱骨的原料选择
②整料脱骨原料在烹饪中的运用</td><td rowspan="3">（1）方法：讲授法、案例教学法
（2）重点：整料脱骨加工的操作关键
（3）难点：整型脱骨原料在烹饪中的运用</td><td rowspan="3">1</td></tr>
<tr><td>2）整料脱骨加工的操作关键</td></tr>
<tr><td>3）典型实例
①整鸡（鸭）的脱骨处理
②整鱼的脱骨处理</td></tr>
<tr><td rowspan="3">2-2 原料切割成形</td><td rowspan="3">2-2-1 能对动植物性原料进行茸、泥处理</td><td rowspan="3">（1）将动物性原料（鱼肉、鸡肉、猪肉等）制成茸
（2）将植物性原料（豆腐、山药、土豆等）制成泥</td><td rowspan="3">（1）茸、泥加工</td><td>1）茸、泥加工概述
①茸、泥加工的原料选择
②茸、泥状原料在烹饪中的运用</td><td rowspan="3">（1）方法：讲授法、案例教学法
（2）重点：茸、泥加工的基本要求与方法
（3）难点：茸、泥状原料在烹饪中的运用</td><td rowspan="3">1</td></tr>
<tr><td>2）茸、泥加工的要求及方法</td></tr>
<tr><td>3）典型实例
①茸的加工
②泥的加工</td></tr>
</table>

续表

2.1.4 高级职业技能培训要求				2.2.4 高级职业技能培训课程规范			
职业功能模块（模块）	培训内容（课程）	技能目标	培训细目	学习单元	课程内容	培训建议	课堂学时
2．原料分档与切割	2-2 原料切割成形	2-2-2 能运用适当的原料进行各种常见动物造型的雕刻	（1）将植物性原料（白萝卜、胡萝卜等）雕刻成仙鹤 （2）将植物性原料（胡萝卜、白萝卜、心里美萝卜等）雕刻成绶带鸟 （3）将植物性原料（青萝卜、莴笋等）雕刻成螳螂 （4）将植物性原料（胡萝卜、心里美萝卜等）雕刻成金鱼 （5）将植物性原料（胡萝卜、心里美萝卜、莴笋等）雕刻成虾	（2）整形雕刻工艺	1）整形雕刻概述 ①原料的选择 ②造型构思 ③成形手法 2）典型实例 ①仙鹤 ②绶带鸟 ③螳螂 ④金鱼 ⑤虾	（1）方法：讲授法、演示法 （2）重点：雕刻的造型构图设计 （3）难点：常见整形雕刻的成形方法	2
	2-3 菜肴组配	2-3-1 能运用包、卷、扎、夹、酿、穿、塑等手法组配花式菜肴	（1）组配“芙蓉石榴包” （2）组配“三丝鱼卷” （3）组配“柴把鸭子” （4）组配“香炸茄夹” （5）组配“煎酿青瓜” （6）组配“玉簪虾球” （7）组配“橄榄鱼丸”	（1）花式菜肴组配	1）花式菜肴组配的原则 2）花式菜肴组配手法 包、卷、扎、夹、酿、穿、塑	（1）方法：讲授法、演示法 （2）重点：各种花式菜肴成形手法的操作关键 （3）难点：各种花式菜肴成形手法在烹饪中的运用	2

续表

<table>
<tr><th colspan="4">2.1.4 高级职业技能培训要求</th><th colspan="4">2.2.4 高级职业技能培训课程规范</th></tr>
<tr><th>职业功能模块（模块）</th><th>培训内容（课程）</th><th>技能目标</th><th>培训细目</th><th>学习单元</th><th>课程内容</th><th>培训建议</th><th>课堂学时</th></tr>
<tr><td rowspan="5">3．原料预制与预制加工处理</td><td rowspan="3">3-1 制汤</td><td rowspan="3">3-1-1 能制作清汤、奶汤、浓汤</td><td rowspan="3">（1）制作清汤
（2）制作奶汤
（3）制作浓汤</td><td rowspan="3">（1）清汤、奶汤、浓汤的制作</td><td>1）清汤
①清汤的特点
②清汤的原料选择与配方
③清汤的制作方法
④制作清汤的注意事项
⑤清汤的适用范围</td><td rowspan="3">（1）方法：讲授法、演示法
（2）重点：清汤、奶汤原料的选择
（3）难点：清汤制作</td><td rowspan="3">4</td></tr>
<tr><td>2）奶汤
①奶汤的特点
②奶汤的原料选择与配方
③奶汤的制作方法
④制作奶汤的注意事项
⑤奶汤的适用范围</td></tr>
<tr><td>3）浓汤
①浓汤的特点
②浓汤的原料选择与配方
③浓汤的制作方法
④制作浓汤的注意事项
⑤浓汤的适用范围</td></tr>
<tr><td rowspan="2">3-2 制冻</td><td rowspan="2">3-2-1 能制作琼脂、鱼胶、皮冻类菜肴</td><td rowspan="2">（1）制作琼脂冻类菜肴</td><td rowspan="2">（1）琼脂冻、鱼胶、皮冻的制作</td><td>1）制冻概述
①制冻的定义
②制冻的种类</td><td rowspan="2">（1）方法：讲授法
（2）重点：琼脂冻的制作
（3）难点：皮冻的制作</td><td rowspan="2">1</td></tr>
<tr><td>2）琼脂冻
①琼脂冻的特点
②琼脂冻的制作
③制作琼脂冻的注意事项
④菜肴实例</td></tr>
</table>

续表

2.1.4 高级职业技能培训要求				2.2.4 高级职业技能培训课程规范			
职业功能模块（模块）	培训内容（课程）	技能目标	培训细目	学习单元	课程内容	培训建议	课堂学时
3．原料预制与预制加工处理	3-2 制冻	3-2-1 能制作琼脂、鱼胶、皮冻类菜肴	（2）制作鱼胶冻类菜肴 （3）制作皮冻类菜肴	（1）琼脂冻、鱼胶、皮冻的制作	3）鱼胶冻 ①鱼胶的特点 ②鱼胶的制作 ③制作鱼胶的注意事项 ④菜肴实例		
					4）皮冻 ①皮冻的特点 ②皮冻的制作 ③制作皮冻的注意事项 ④菜肴实例		
	3-3 制茸胶	3-3-1 能制作鱼、虾、鸡类茸胶菜肴	（1）制作鱼类茸胶菜肴 （2）制作虾类茸胶菜肴 （3）制作鸡类茸胶菜肴	（1）鱼类茸胶、虾类茸胶、鸡类茸胶的制作	1）茸胶概述 ①茸胶的定义 ②茸胶的种类	（1）方法：讲授法、演示法 （2）重点与难点：鸡类茸胶的制作	2
					2）鱼类茸胶 ①鱼类茸胶的特点 ②鱼类茸胶的制作 ③制作鱼类茸胶的注意事项 ④菜肴实例		
					3）虾类茸胶 ①虾类茸胶的特点 ②虾类茸胶的制作 ③制作虾类茸胶的注意事项 ④菜肴实例		
					4）鸡类茸胶 ①鸡类茸胶的特点 ②鸡类茸胶的制作 ③制作鸡类茸胶的注意事项 ④菜肴实例		

续表

2.1.4　高级职业技能培训要求				2.2.4　高级职业技能培训课程规范			
职业功能模块（模块）	培训内容（课程）	技能目标	培训细目	学习单元	课程内容	培训建议	课堂学时
4．菜肴制作	4–1　热菜烹制	4–1–1　能运用水导热中拔丝、蜜汁、扒、煨、炖、贴、塌的烹调方法制作菜肴	（1）制作拔丝苹果 （2）制作蜜汁山药 （3）制作扒菜心 （4）制作煨牛肉 （5）制作小鸡炖蘑菇 （6）制作锅塌豆腐 （7）制作锅贴鱼	（1）以水为传热介质的烹调方法	1）拔丝 ①拔丝的概念 ②拔丝的工艺流程 ③拔丝的技术关键 ④菜肴实例 2）蜜汁 ①蜜汁的概念 ②蜜汁的工艺流程 ③蜜汁的技术关键 ④菜肴实例 3）扒 ①扒的概念 ②扒的类型 ③扒的工艺流程 ④扒的技术关键 ⑤菜肴实例 4）煨 ①煨的概念 ②煨的工艺流程 ③煨的技术关键 ④菜肴实例 5）炖 ①炖的概念 ②炖的工艺流程 ③炖的技术关键 ④菜肴实例 6）贴 ①贴的概念 ②贴的工艺流程 ③贴的技术关键 ④菜肴实例 7）塌 ①塌的概念 ②塌的工艺流程 ③塌的技术关键 ④菜肴实例	（1）方法：讲授法、演示法 （2）重点：不同烹调方法 （3）难点：代表菜例的掌握	10

续表

2.1.4 高级职业技能培训要求				2.2.4 高级职业技能培训课程规范			
职业功能模块（模块）	培训内容（课程）	技能目标	培训细目	学习单元	课程内容	培训建议	课堂学时
4. 菜肴制作	4–1 热菜烹制	4–1–2 能运用油导热中熘、爆、炒的烹调方法制作菜肴	（1）制作松鼠鱼 （2）制作爆双脆 （3）制作炒鱼丝	（2）以油为传热介质的烹调方法	1）熘 ①熘的概念 ②熘的类型 ③熘的工艺流程 ④熘的技术关键 ⑤菜肴实例	（1）方法：讲授法、演示法 （2）重点：不同烹调方法 （3）难点：代表菜例的掌握	6
					2）爆 ①爆的概念 ②爆的类型 ③爆的工艺流程 ④爆的技术关键 ⑤菜肴实例		
					3）炒 ①炒的概念 ②炒的类型 ③炒的工艺流程 ④炒的技术关键 ⑤菜肴实例		
		4–1–3 能运用气导热中烤、焗的烹调方法制作菜肴	（1）制作烤鱼 （2）制作焗大虾	（3）以汽为传热介质的烹调方法	1）烤 ①烤的概念 ②烤的类型 ③烤的工艺流程 ④烤的技术关键 ⑤菜肴实例	（1）方法：讲授法、演示法 （2）重点：不同烹调方法 （3）难点：代表菜例的掌握	2
					2）焗 ①焗的概念 ②焗的工艺流程 ③焗的技术关键 ④菜肴实例		

续表

<table>
<tr><th colspan="4">2.1.4　高级职业技能培训要求</th><th colspan="4">2.2.4　高级职业技能培训课程规范</th></tr>
<tr><th>职业功能模块（模块）</th><th>培训内容（课程）</th><th>技能目标</th><th>培训细目</th><th>学习单元</th><th>课程内容</th><th>培训建议</th><th>课堂学时</th></tr>
<tr><td rowspan="5">4．菜肴制作</td><td rowspan="5">4–2　冷菜制作</td><td rowspan="3">4–2–1　能运用挂霜、琉璃、糟等烹调方法制作冷菜</td><td rowspan="3">（1）制作挂霜花生
（2）制作琉璃苹果
（3）制作糟带鱼</td><td rowspan="3">（1）一般冷菜制作</td><td>1）挂霜
①挂霜的概念
②挂霜的工艺流程
③挂霜的技术关键
④菜肴实例</td><td rowspan="3">（1）方法：讲授法、演示法
（2）重点：不同烹调方法
（3）难点：代表菜例的掌握</td><td rowspan="3">4</td></tr>
<tr><td>2）琉璃
①琉璃的概念
②琉璃的工艺流程
③琉璃的技术关键
④菜肴实例</td></tr>
<tr><td>3）糟
①糟的概念
②糟的工艺流程
③糟的技术关键
④菜肴实例</td></tr>
<tr><td rowspan="2">4–2–2　能完成象形冷菜拼摆</td><td rowspan="2">（1）拼摆彩碟双飞
（2）拼摆鸟语花香
（3）拼摆荷塘月色
（4）拼摆金鸡报晓
（5）拼摆雄鹰展翅</td><td rowspan="2">（2）象形冷菜的拼摆</td><td>1）象形冷菜拼摆概述</td><td rowspan="2">（1）方法：讲授法、演示法
（2）重点：拼摆的手法
（3）难点：刀工成形</td><td rowspan="2">8</td></tr>
<tr><td>2）象形冷菜的拼摆实例
①拼摆彩蝶双飞
②拼摆鸟语花香
③拼摆荷塘月色
④拼摆金鸡报晓
⑤拼摆雄鹰展翅</td></tr>
<tr><td colspan="7">课堂学时合计</td><td>48</td></tr>
</table>

附录 5　技师职业技能培训要求与课程规范对照表

<table>
<tr><th colspan="4">2.1.5　技师职业技能培训要求</th><th colspan="4">2.2.5　技师职业技能培训课程规范</th></tr>
<tr><th>职业功能模块（模块）</th><th>培训内容（课程）</th><th>技能目标</th><th>培训细目</th><th>学习单元</th><th>课程内容</th><th>培训建议</th><th>课堂学时</th></tr>
<tr><td rowspan="9">1．原料鉴别与加工</td><td rowspan="3">1-1　原料鉴别</td><td rowspan="3">1-1-1　能对特色干制动物性原料的品质进行鉴别</td><td rowspan="3">（1）鲍鱼的品质鉴别
（2）海参的品质鉴别
（3）鱼皮的品质鉴别
（4）哈士蟆油的品质鉴别
（5）鱼肚的品质鉴别</td><td rowspan="3">（1）特色干制动物性原料的品质鉴别</td><td>1）特色干制动物性原料的种类
①动物性海味干料
②动物性陆生干料</td><td rowspan="3">（1）方法：讲授法、讨论法、演示法
（2）重点与难点：特色干制动物性原料的品质鉴别及保管方法</td><td rowspan="3">2</td></tr>
<tr><td>2）特色干制动物性原料的特征</td></tr>
<tr><td>3）特色干制动物性原料的品质鉴别及保管
①鲍鱼的品质鉴别及保管
②海参的品质鉴别及保管
③鱼皮的品质鉴别及保管
④哈士蟆油的品质鉴别及保管
⑤鱼肚的品质鉴别及保管</td></tr>
<tr><td rowspan="6">1-2　加工性原料的初加工</td><td rowspan="6">1-2-1　能对特色干制动物性原料进行涨发加工</td><td rowspan="6">（1）鲍鱼的涨发加工
（2）海参的涨发加工
（3）鱼皮的涨发加工
（4）哈士蟆油的涨发加工
（5）鱼肚的涨发加工</td><td rowspan="6">（1）特色干制动物性原料涨发加工</td><td>1）特色干制动物性原料涨发的技术要求</td><td rowspan="6">（1）方法：讲授法、讨论法、演示法
（2）重点与难点：特色干制动物性原料涨发的技术要求及涨发</td><td rowspan="6">9</td></tr>
<tr><td>2）鲍鱼的涨发
①大连鲍
②网鲍
③南非鲍</td></tr>
<tr><td>3）海参的涨发
①辽参的涨发
②婆参的涨发
③梅花参的涨发</td></tr>
<tr><td>4）鱼皮的涨发</td></tr>
<tr><td>5）哈士蟆油的涨发</td></tr>
<tr><td>6）鱼肚的涨发</td></tr>
</table>

续表

2.1.5 技师职业技能培训要求				2.2.5 技师职业技能培训课程规范			
职业功能模块（模块）	培训内容（课程）	技能目标	培训细目	学习单元	课程内容	培训建议	课堂学时
2．菜单设计	2-1 零点菜单设计	2-1-1 能根据企业定位、经营特点和企业综合资源设计零点菜单	（1）根据企业定位，设计零点菜单 （2）根据企业经营特点，设计零点菜单 （3）根据企业经营对象，设计零点菜单	（1）零点菜单的结构及作用	1）概述 ①零点概述 ②零点菜单概述	（1）方法：讲授法、案例教学法、讨论法 （2）重点与难点：零点的特点及零点菜单的特点	2
					2）零点菜单的结构 ①早餐零点菜单结构 ②正餐零点菜单结构		
					3）零点菜单的作用		
		2-1-2 能根据零点的特点，对冷、热菜及面点等进行组合设计	（1）早餐零点菜单的组合设计 （2）正餐零点菜单的组合设计	（2）零点菜单设计的原则及方法	1）零点菜单设计的原则	（1）方法：讲授法、案例教学法、讨论法 （2）重点：零点菜单设计的原则 （3）难点：不同企业综合资源情况下的零点菜单设计方法	2
					2）零点菜单品种结构与比例的确定方法		
					3）零点菜单制定的基本步骤		
					4）零点菜单的设计 ①不同企业定位的零点菜单设计 ②不同经营特点的零点菜单设计 ③不同企业综合资源的零点菜单设计		
					5）零点菜单制作实例和分析		

续表

<table>
<tr><th colspan="4">2.1.5　技师职业技能培训要求</th><th colspan="4">2.2.5　技师职业技能培训课程规范</th></tr>
<tr><th>职业功能模块（模块）</th><th>培训内容（课程）</th><th>技能目标</th><th>培训细目</th><th>学习单元</th><th>课程内容</th><th>培训建议</th><th>课堂学时</th></tr>
<tr><td rowspan="11">2．菜单设计</td><td rowspan="11">2-2　宴会菜单设计</td><td rowspan="7">2-2-1　能根据不同主题设计宴会菜单，并能根据宴会规格，对冷菜、热菜、点心等进行合理搭配</td><td rowspan="7">（1）婚宴菜单设计
（2）生日宴菜单设计
（3）节庆宴菜单设计
（4）庆典宴菜单设计
（5）商务宴菜单设计
（6）酬谢宴菜单设计
（7）特色宴会菜单设计</td><td rowspan="3">（1）宴会的类型及发展</td><td>1）概述
①宴会定义
②宴会特征</td><td rowspan="3">（1）方法：讲授法、案例教学法、讨论法
（2）重点与难点：宴会的特征及类型</td><td rowspan="3">2</td></tr>
<tr><td>2）宴会类型</td></tr>
<tr><td>3）宴会发展
①宴会的发展历史
②宴会的改革创新</td></tr>
<tr><td rowspan="4">（2）宴会菜单的结构及作用</td><td>1）宴会菜单作用</td><td rowspan="4">（1）方法：讲授法、案例教学法、讨论法
（2）重点与难点：中式宴会菜单结构及宴会菜单作用</td><td rowspan="4">4</td></tr>
<tr><td>2）宴会菜单的类别
①一般宴会
②高档宴会</td></tr>
<tr><td>3）中式宴会菜单结构
①冷菜
②热菜
③面点
④水果
⑤酒水</td></tr>
<tr><td>4）主题宴会设计类型</td></tr>
<tr><td rowspan="4">2-2-2　能根据季节、风俗习惯、服务对象设计整套宴会菜肴</td><td rowspan="4">（1）根据不同季节设计宴会菜肴
（2）根据不同风俗习惯设计宴会菜肴
（3）根据宴会不同对象设计宴会菜肴</td><td rowspan="4">（3）宴会菜单设计的原则和方法</td><td>1）宴会菜单设计的指导思想</td><td rowspan="4">（1）方法：讲授法、案例教学法、讨论法
（2）重点与难点：宴会菜单菜肴设计</td><td rowspan="4">6</td></tr>
<tr><td>2）宴会菜单设计的原则</td></tr>
<tr><td>3）宴会菜单设计的方法
①宴会菜单设计前的调查研究
②宴会菜单菜肴设计
③宴会菜单设计的检查</td></tr>
<tr><td>4）宴会菜单设计实例
①主题宴会菜单设计
②特色宴会菜单设计</td></tr>
</table>

续表

2.1.5 技师职业技能培训要求				2.2.5 技师职业技能培训课程规范			
职业功能模块（模块）	培训内容（课程）	技能目标	培训细目	学习单元	课程内容	培训建议	课堂学时
3．菜肴制作与装饰	3-1 热菜烹制	3-1-1 能运用各种烹饪原料、方法，制作国内主要菜系的特色菜肴	(1) 制作鲁菜特色菜肴 (2) 制作川菜特色菜肴 (3) 制作粤菜特色菜肴 (4) 制作苏菜特色菜肴 (5) 制作其他菜系特色菜肴	(1) 菜系概述	1）菜系形成的因素 2）国内主要菜系	(1) 方法：讲授法 (2) 重点：菜系的概念 (3) 难点：菜系形成的条件	1
				(2) 鲁菜特色菜肴的制作	1）鲁菜的风味特色 2）经典特色菜肴制作 ①葱烧海参 ②油爆乌鱼花 ③糖醋黄河鲤鱼 ④拔丝珍珠苹果	(1) 方法：讲授法、演示法 (2) 重点：特色菜肴的工艺流程 (3) 难点：特色菜肴的技术关键	1
				(3) 川菜特色菜肴的制作	1）川菜的风味特色 2）经典特色菜肴制作 ①鱼香肉丝 ②麻婆豆腐 ③宫保鸡丁 ④水煮牛肉	(1) 方法：讲授法、演示法 (2) 重点：特色菜肴的工艺流程 (3) 难点：特色菜肴的技术关键	1
				(4) 粤菜特色菜肴的制作	1）粤菜的风味特色 2）经典特色菜肴制作 ①椒盐焗虾 ②清蒸鳜鱼 ③金华玉树鸡 ④菠萝咕噜肉	(1) 方法：讲授法、演示法 (2) 重点：特色菜肴的工艺流程 (3) 难点：特色菜肴的技术关键	1
				(5) 苏菜特色菜肴的制作	1）苏菜的风味特色 2）经典特色菜肴制作 ①蟹粉狮子头 ②大煮干丝 ③松鼠鳜鱼 ④三套鸭	(1) 方法：讲授法、演示法 (2) 重点：特色菜肴的工艺流程 (3) 难点：特色菜肴的技术关键	1
				(6) 其他特色菜肴的制作	1）浙江菜 ①西湖醋鱼 2）福建菜 ①佛跳墙 3）湖南菜 ①东安仔鸡 4）安徽菜 ①腌鲜鳜鱼	(1) 方法：讲授法、演示法 (2) 重点：特色菜肴的工艺流程 (3) 难点：特色菜肴的技术关键	4

续表

<table>
<tr><th colspan="4">2.1.5　技师职业技能培训要求</th><th colspan="4">2.2.5　技师职业技能培训课程规范</th></tr>
<tr><th>职业功能模块（模块）</th><th>培训内容（课程）</th><th>技能目标</th><th>培训细目</th><th>学习单元</th><th>课程内容</th><th>培训建议</th><th>课堂学时</th></tr>
<tr><td rowspan="9">3．菜肴制作与装饰</td><td rowspan="3">3-2　冷菜烹制</td><td rowspan="2">3-2-1　能根据要求进行各客冷拼的拼摆，形成拼摆图形</td><td rowspan="2">（1）拼摆风景类冷拼
（2）拼摆植物类冷拼
（3）拼摆动物类冷拼
（4）拼摆几何类冷拼</td><td rowspan="3">（1）各客冷拼的拼摆</td><td>1）各客冷拼图案的设计</td><td rowspan="3">（1）方法：讲授法、演示法
（2）重点：拼摆的手法
（3）难点：刀工成形</td><td rowspan="3">4</td></tr>
<tr><td>2）各客冷拼的原料选择</td></tr>
<tr><td>3-2-2　能根据各客冷拼的图形进行适当的美化</td><td>（1）美化风景类冷拼
（2）美化植物类冷拼
（3）美化动物类冷拼
（4）美化几何类冷拼</td><td>3）各客冷拼拼摆实例</td></tr>
<tr><td rowspan="6">3-3　餐盘装饰</td><td rowspan="3">3-3-1　能根据菜肴、餐盘特点合理使用原料装饰</td><td rowspan="3">（1）使用蔬菜类原料装饰
（2）使用水果类原料装饰
（3）使用果酱类原料进行装饰
（4）使用糖艺进行装饰
（5）使用面塑进行装饰</td><td rowspan="3">（1）各客冷拼的美化</td><td>1）用果蔬类原料美化</td><td rowspan="3">（1）方法：讲授法、演示法
（2）重点：美化原料的选择
（3）难点：美化原则</td><td rowspan="3">2</td></tr>
<tr><td>2）用果酱类美化</td></tr>
<tr><td>3）用糖艺美化</td></tr>
<tr><td rowspan="3">3-3-2　能运用各种装饰方法美化餐盘</td><td rowspan="3">（1）全围式餐盘装饰
（2）半围式餐盘装饰
（3）对称式餐盘装饰
（4）中心式餐盘装饰
（5）覆盖式餐盘装饰</td><td rowspan="3">（2）餐盘装饰</td><td>1）餐盘装饰的概念、特点及原则</td><td rowspan="3">（1）方法：讲授法、演示法
（2）重点：装饰的原则
（3）难点：装饰的方法</td><td rowspan="3">2</td></tr>
<tr><td>2）餐盘装饰原料的选用</td></tr>
<tr><td>3）餐盘装饰的方法
①全围式装饰
②半围式装饰
③对称式装饰
④中心式装饰
⑤覆盖式装饰</td></tr>
</table>

续表

2.1.5 技师职业技能培训要求				2.2.5 技师职业技能培训课程规范			
职业功能模块（模块）	培训内容（课程）	技能目标	培训细目	学习单元	课程内容	培训建议	课堂学时
4．厨房管理	4-1 成本管理	4-1-1 能提出厨房产品成本控制的措施	（1）厨房加工过程的成本控制 （2）厨房配制过程的成本控制 （3）厨房烹调过程的成本控制	（1）厨房管理和成本管理概述	1）厨房管理概述 ①厨房管理的定义 ②厨房管理的内容 ③厨房管理的作用	（1）方法：讲授法、案例教学法、讨论法 （2）重点：厨房管理的内容和作用 （3）难点：成本管理的内容和作用	1
					2）成本管理概述 ①成本管理的定义 ②成本管理的内容 ③成本管理的作用		
				（2）厨房产品成本控制	1）厨房加工过程的控制	（1）方法：讲授法、案例教学法、讨论法 （2）重点：厨房配制过程的控制措施 （3）难点：厨房烹调过程的控制措施	1
					2）厨房配制过程的控制		
					3）厨房烹调过程的控制		
		4-1-2 能填写厨房成本核算报表	（1）填写厨房成本核算日报表 （2）填写厨房成本核算月报表	（3）厨房成本核算报表	1）厨房成本核算日报表的填写	（1）方法：讲授法、案例教学法、讨论法 （2）重点：能填写厨房成本核算日报表 （3）难点：能填写厨房成本核算月报表	1
					2）厨房成本核算月报表的填写		
		4-1-3 能编制控制成本的方案	（1）编制成本预算控制的方案 （2）编制厨房生产成本控制方案	（4）编制控制成本的方案	1）编制成本预算控制的方案	（1）方法：讲授法、讨论法 （2）重点：能编制成本预算控制的方案 （3）难点：能编制厨房生产成本控制方案	1
					2）编制厨房生产成本控制方案		

续表

2.1.5 技师职业技能培训要求				2.2.5 技师职业技能培训课程规范			
职业功能模块（模块）	培训内容（课程）	技能目标	培训细目	学习单元	课程内容	培训建议	课堂学时
4．厨房管理	4-2 厨房生产管理	4-2-1 能对厨房生产各阶段的运转制定管理细则	（1）制定厨房加工阶段的管理细则 （2）制定厨房配制阶段的管理细则 （3）制定厨房烹调阶段的管理细则	（1）厨房生产各阶段的管理细则	1）厨房生产管理概述 ①厨房生产管理的定义 ②厨房生产管理的内容 ③厨房生产管理的作用 2）厨房加工阶段的管理细则 3）厨房配制阶段的管理细则 4）厨房烹调阶段的管理细则	（1）方法：讲授法、案例教学法、讨论法 （2）重点：制定配制阶段的管理细则 （3）难点：制定厨房烹调阶段的管理细则	1
		4-2-2 能制定出标准食谱	（1）制定标准食谱 （2）管理标准食谱	（2）制定标准食谱	1）标准食谱概述 ①标准食谱的定义 ②标准食谱的内容 2）制定标准食谱 3）标准食谱的管理	（1）方法：讲授法、案例教学法、讨论法 （2）重点：制定标准食谱 （3）难点：标准食谱的管理	1
		4-2-3 能根据厨房生产各阶段的要求控制好厨房出品秩序	（1）控制好厨房加工过程的出品秩序 （2）控制好厨房配制过程的出品秩序 （3）控制好厨房烹调过程的出品秩序	（3）控制厨房出品秩序	1）厨房加工过程的出品秩序 2）厨房配制过程的出品秩序 3）厨房烹调过程的出品秩序	（1）方法：讲授法、讨论法 （2）重点：厨房配制过程的出品秩序 （3）难点：厨房烹调过程的出品秩序	1

续表

<table>
<tr><th colspan="4">2.1.5　技师职业技能培训要求</th><th colspan="4">2.2.5　技师职业技能培训课程规范</th></tr>
<tr><th>职业功能模块（模块）</th><th>培训内容（课程）</th><th>技能目标</th><th>培训细目</th><th>学习单元</th><th>课程内容</th><th>培训建议</th><th>课堂学时</th></tr>
<tr><td rowspan="9">5. 培训指导</td><td rowspan="7">5-1　专业培训</td><td rowspan="7">5-1-1　能根据培训教材和教案对初级、中级、高级中式烹调师进行培训</td><td rowspan="7">（1）编写培训计划
（2）撰写培训教案
（3）实施培训教学</td><td rowspan="3">（1）编写培训计划</td><td>1）培训计划的内容</td><td rowspan="3">（1）方法：讲授法、案例教学法
（2）重点与难点：培训计划的编写</td><td rowspan="3">1</td></tr>
<tr><td>2）培训计划的编制程序</td></tr>
<tr><td>3）培训计划的编写</td></tr>
<tr><td rowspan="2">（2）编写培训教案</td><td>1）培训教案的编写程序</td><td rowspan="2">（1）方法：讲授法、案例教学法
（2）重点与难点：培训教案的编写要求</td><td rowspan="2">1</td></tr>
<tr><td>2）培训教案的编写要求</td></tr>
<tr><td rowspan="2">（3）实施培训教学</td><td>1）教学语言的运用</td><td rowspan="2">（1）方法：讲授法、案例教学法
（2）重点与难点：课堂教学过程组织</td><td rowspan="2">1</td></tr>
<tr><td>2）课堂教学过程组织</td></tr>
<tr><td rowspan="2">5-2　技能指导</td><td rowspan="2">5-2-1　能对初级、中级、高级中式烹调师进行刀工、烹调技法、调味等技能指导</td><td rowspan="2">（1）技能指导的组织
（2）技能效果的评定</td><td rowspan="2">（1）技能指导的组织和评定</td><td>1）技能指导概述

2）技能指导的组织程序
①技能指导前准备（场地、工具设备、烹饪原料等）
②实习指导教师讲解示范练习结合，现场操作、巡回指导纠正
③技能考核评价</td><td rowspan="2">（1）方法：讲授法、案例教学法
（2）重点：技能指导的组织程序
（3）难点：技能指导的效果评定</td><td rowspan="2">2</td></tr>
<tr><td>3）技能指导的效果评定
①技能水平测试
②知识水平测试
③态度、礼仪测试
④综合评定</td></tr>
<tr><td colspan="7">课堂学时合计</td><td>56</td></tr>
</table>

附录 6　高级技师职业技能培训要求与课程规范对照表

<table>
<tr><th colspan="4">2.1.6　高级技师职业技能培训要求</th><th colspan="4">2.2.6　高级技师职业技能培训课程规范</th></tr>
<tr><th>职业功能模块（模块）</th><th>培训内容（课程）</th><th>技能目标</th><th>培训细目</th><th>学习单元</th><th>课程内容</th><th>培训建议</th><th>课堂学时</th></tr>
<tr><td rowspan="7">1．宴会主理</td><td rowspan="7">1-1　宴会菜肴的组织</td><td rowspan="3">1-1-1　能根据宴会菜肴制作的需要编制实施方案</td><td rowspan="3">（1）编制《宴会菜肴生产工艺设计书》
（2）编制《宴会菜肴用料单》
（3）编制《原材料订购计划单》
（4）编制宴会生产分工与完成时间计划
（5）编制生产设备与餐具的使用计划
（6）编制宴会生产的因素与处理预案</td><td rowspan="3">（1）宴会菜肴制作</td><td>1）宴会菜肴制作的特点</td><td rowspan="3">（1）方法：讲授法、案例教学法、讨论法
（2）重点与难点：宴会菜肴制作生产过程</td><td rowspan="3">1</td></tr>
<tr><td>2）宴会菜肴生产的过程
①制订生产计划
②烹饪原料准备
③辅助加工阶段
④基本加工阶段
⑤烹饪与装盘加工阶段
⑥菜肴成品输出阶段</td></tr>
<tr><td>3）宴会菜肴生产设计的要求</td></tr>
<tr><td rowspan="4">1-1-2　能根据宴会菜肴制作的需要制定具体方案并组织实施</td><td rowspan="4">（1）按步骤编制宴会菜肴生产实施方案
（2）按步骤组织宴会菜肴生产的实施</td><td rowspan="4">（2）宴会菜肴制作实施方案的编制</td><td>1）宴会菜肴生产工艺设计的方法</td><td rowspan="4">（1）方法：讲授法、案例教学法、讨论法
（2）重点与难点：宴会菜肴生产实施方案编制的内容</td><td rowspan="4">4</td></tr>
<tr><td>2）宴会菜肴生产实施方案编制的内容
①宴会菜肴生产工艺设计书
②宴会菜肴用料单
③原材料订购计划单
④宴会生产分工与完成时间计划
⑤生产设备与餐具使用计划
⑥影响宴会生产的因素与处理预案</td></tr>
<tr><td>3）宴会菜肴生产实施方案的编制步骤</td></tr>
<tr><td>4）宴会菜肴生产的组织实施步骤</td></tr>
</table>

续表

<table>
<tr><th colspan="4">2.1.6 高级技师职业技能培训要求</th><th colspan="4">2.2.6 高级技师职业技能培训课程规范</th></tr>
<tr><th>职业功能模块（模块）</th><th>培训内容（课程）</th><th>技能目标</th><th>培训细目</th><th>学习单元</th><th>课程内容</th><th>培训建议</th><th>课堂学时</th></tr>
<tr><td rowspan="10">1．宴会主理</td><td rowspan="10">1-2 宴会服务的协调</td><td rowspan="2">1-2-1 能根据宴会任务的需要协助制定服务方案</td><td rowspan="2">（1）制订人员分工计划
（2）制订宴会场景布置计划
（3）制订物品准备计划
（4）协助制订开宴前的检查工作计划
（5）协助制订宴会现场指挥管理计划
（6）协助制订宴会结束工作计划</td><td rowspan="2">（1）宴会服务概述</td><td>1）宴会服务的特点</td><td rowspan="2">（1）方法：讲授法、案例教学法、讨论法
（2）重点与难点：宴会服务的特点及作用</td><td rowspan="2">1</td></tr>
<tr><td>2）宴会服务的作用</td></tr>
<tr><td rowspan="8">1-2-2 能根据宴会的任务需要掌握服务技能</td><td rowspan="8">（1）上菜说菜服务
（2）分菜撤菜服务
（3）酒水服务
（4）迎客送客服务
（5）应急情况处理</td><td rowspan="8">（2）协调宴会服务的方案实施</td><td>1）人员分工计划</td><td rowspan="8">（1）方法：讲授法、案例教学法、讨论法
（2）重点与难点：宴会服务实施方案的编制步骤</td><td rowspan="8">4</td></tr>
<tr><td>2）宴会场景布置计划</td></tr>
<tr><td>3）宴会物品准备计划</td></tr>
<tr><td>4）开宴前的检查工作计划</td></tr>
<tr><td>5）宴会现场指挥管理计划</td></tr>
<tr><td>6）宴会结束工作计划</td></tr>
<tr><td>7）宴会服务实施方案的编制步骤</td></tr>
<tr><td>8）宴会服务的组织实施布置</td></tr>
</table>

续表

2.1.6 高级技师职业技能培训要求				2.2.6 高级技师职业技能培训课程规范			
职业功能模块（模块）	培训内容（课程）	技能目标	培训细目	学习单元	课程内容	培训建议	课堂学时
2．菜肴制作与装饰	2-1 创新菜的制作与开发	2-1-1 能运用国内外的新技法创制新菜肴	（1）运用真空低温烹调法创制新菜肴 （2）运用微波烹调法创制新菜肴	（1）新技法创新菜肴	1）菜肴创新概述	（1）方法：讲授法、演示法 （2）重点：创新的方法 （3）难点：新技法的选择	2
					2）新技法创新菜肴实例 ①真空低温烹调法创制新菜肴 ②微波烹调法创制新菜肴		
		2-1-2 能运用国内外的新原料、新调料创新菜肴	（1）运用新原料创新菜肴 （2）运用新调料创新菜肴	（2）新原料、新调料创新菜肴	1）新原料、新调料创新菜肴 ①新原料创新菜肴 ②新调料创新菜肴	（1）方法：讲授法、演示法 （2）重点：创新的方法 （3）难点：新原料、新调料的选择	2
	2-2 主题展台的设计	2-2-1 能设计主题性展台	（1）设计重大节日主题性展台 （2）设计重大活动主题性展台	（1）主题性展台的设计	1）主题性展台概述 ①主题性展台的特点 ②主题性展台的作用 ③主题性展台的设计步骤 ④主题性展台实例	（1）方法：讲授法、演示法 （2）重点：主题性展台的设计思路 （3）难点：主题性展台的组织实施	4
					2）重大活动主题性展台的设计 ①重大节日主题性展台 ②重大活动主题性展台		
		2-2-2 能美化、装饰展台	（1）美化、装饰重大节日主题性展台 （2）美化、装饰重大活动主题性展台	（2）主题性展台的美化、装饰	1）主题性展台美化、装饰实例 ①利用相应花草、果蔬装饰 ②采用符合主题的装饰物装饰 ③灯光装饰 ④其他装饰	（1）方法：讲授法、演示法 （2）重点：美化、装饰的思路 （3）难点：美化、装饰的具体操作	4

续表

<table>
<tr><th colspan="4">2.1.6 高级技师职业技能培训要求</th><th colspan="4">2.2.6 高级技师职业技能培训课程规范</th></tr>
<tr><th>职业功能模块（模块）</th><th>培训内容（课程）</th><th>技能目标</th><th>培训细目</th><th>学习单元</th><th>课程内容</th><th>培训建议</th><th>课堂学时</th></tr>
<tr><td rowspan="9">3. 厨房管理</td><td rowspan="4">3-1 厨房整体布局</td><td rowspan="3">3-1-1 能分析影响厨房布局的因素</td><td rowspan="3">(1) 分析影响厨房位置的因素
(2) 分析影响厨房面积的因素</td><td rowspan="3">(1) 影响厨房布局的因素</td><td>1) 厨房布局概述
①厨房布局的定义
②厨房布局的原则
③厨房布局的作用</td><td rowspan="3">(1) 方法：讲授法、案例教学法
(2) 重点：影响厨房位置的因素
(3) 难点：影响厨房面积的因素</td><td rowspan="3">1</td></tr>
<tr><td>2) 影响厨房位置的因素</td></tr>
<tr><td>3) 影响厨房面积的因素</td></tr>
<tr><td>3-1-2 能设计中餐厨房布局</td><td>(1) 设计L形中餐厨房
(2) 设计直线形中餐厨房
(3) 设计平行形中餐厨房
(4) 设计U形中餐厨房</td><td>(2) 中餐厨房布局</td><td>1) 中餐厨房布局实例
①L形中餐厨房布局
②直线形中餐厨房布局
③平行形中餐厨房布局
④U形中餐厨房布局</td><td>(1) 方法：讲授法、案例教学法、讨论法
(2) 重点与难点：厨房的各类布局</td><td>2</td></tr>
<tr><td rowspan="5">3-2 人员组织</td><td rowspan="2">3-2-1 能分配厨房各岗位人员</td><td rowspan="2">(1) 设置厨房组织结构
(2) 调配厨房各岗位人员</td><td rowspan="2">(1) 厨房各岗位人员配备</td><td>1) 厨房组织结构设置</td><td rowspan="2">(1) 方法：讲授法、案例教学法
(2) 重点与难点：厨房各岗位人员的配备</td><td rowspan="2">2</td></tr>
<tr><td>2) 厨房各岗位人员的配备</td></tr>
<tr><td rowspan="3">3-2-2 能制定各岗位职责及管理办法</td><td rowspan="3">(1) 制定炉灶岗位职责
(2) 制定切配岗位职责
(3) 制定打荷岗位职责
(4) 制定冷菜岗位职责
(5) 制定蒸灶岗位职责
(6) 制定初加工岗位职责
(7) 制定厨师长岗位职责</td><td rowspan="3">(2) 厨房各岗位职责</td><td>1) 炉灶岗位职责
2) 切配岗位职责
3) 打荷岗位职责</td><td rowspan="3">(1) 方法：讲授法、案例教学法
(2) 重点与难点：厨房各岗位的职责</td><td rowspan="3">2</td></tr>
<tr><td>4) 冷菜岗位职责
5) 蒸灶岗位职责</td></tr>
<tr><td>6) 初加工岗位职责
7) 厨师长岗位职责</td></tr>
</table>

续表

<table>
<tr><td colspan="4">2.1.6　高级技师职业技能培训要求</td><td colspan="4">2.2.6　高级技师职业技能培训课程规范</td></tr>
<tr><td>职业功能模块（模块）</td><td>培训内容（课程）</td><td>技能目标</td><td>培训细目</td><td>学习单元</td><td>课程内容</td><td>培训建议</td><td>课堂学时</td></tr>
<tr><td rowspan="9">3．厨房管理</td><td rowspan="9">3-3　菜肴质量管理分工</td><td rowspan="3">3-3-1　能制定菜肴质量评价标准并执行解决质量问题的方案</td><td rowspan="3">（1）能制定菜肴质量评价标准
（2）能制定菜肴质量控制的方案</td><td rowspan="3">（1）菜肴质量评价标准及质量控制方案</td><td>1）菜肴质量管理概述
①菜肴质量管理的定义
②菜肴质量管理的作用</td><td rowspan="3">（1）方法：讲授法、案例教学法
（2）重点：菜肴质量评价标准
（3）难点：菜肴质量控制的方案</td><td rowspan="3">2</td></tr>
<tr><td>2）菜肴质量评价的标准</td></tr>
<tr><td>3）菜肴质量控制的方案</td></tr>
<tr><td rowspan="6">3-3-2　能对菜肴质量进行针对性控制</td><td rowspan="6">（1）对炉灶岗位的质量控制
（2）对切配岗位的质量控制
（3）对打荷岗位的质量控制
（4）对冷菜岗位的质量控制
（5）对蒸灶岗位的质量控制
（6）对初加工岗位的质量控制</td><td rowspan="6">（2）菜肴质量的针对性控制</td><td>1）炉灶岗位的质量控制</td><td rowspan="6">（1）方法：讲授法、案例教学法
（2）重点与难点：各岗位的质量控制</td><td rowspan="6">2</td></tr>
<tr><td>2）切配岗位的质量控制</td></tr>
<tr><td>3）打荷岗位的质量控制</td></tr>
<tr><td>4）冷菜岗位的质量控制</td></tr>
<tr><td>5）蒸灶岗位的质量控制</td></tr>
<tr><td>6）初加工岗位的质量控制</td></tr>
</table>

续表

2.1.6 高级技师职业技能培训要求				2.2.6 高级技师职业技能培训课程规范			
职业功能模块（模块）	培训内容（课程）	技能目标	培训细目	学习单元	课程内容	培训建议	课堂学时
4．培训指导	4-1 培训	4-1-1 能编写培训讲义	（1）编写培训讲义	（1）编写培训讲义	1）培训讲义概述 2）培训讲义编写原则 3）培训讲义编写程序	（1）方法：项目教学法 （2）重点与难点：培训讲义编写程序	2
		4-1-2 能对技师以下（含技师）的中式烹调师进行专业、专门培训	（1）常见培训教学法	（2）培训实施	1）常见教学法概述 2）常见教学法的应用	（1）方法：项目教学法 （2）重点与难点：常见教学法的应用	2
		4-1-3 能制作并运用多媒体课件进行业务培训	（1）制作教学多媒体课件 （2）多媒体课件的教学运用	（3）多媒体课件的制作和应用	1）多媒体课件概述 2）多媒体课件制作的要求 3）多媒体课件的应用	（1）方法：实践教学法 （2）重点与难点：多媒体课件的应用	2
	4-2 指导	4-2-1 能对技师以下（含技师）的中式烹调师进行技能指导	（1）专业技能指导的方法	（1）技能指导	1）技能指导基本技能概述 2）技能指导的基本步骤 3）指导对象学情分析 4）指导者在指导中的作用	（1）方法：项目教学法 （2）重点与难点：技能指导的基本步骤	1
课堂学时合计							40